编程珠玑

续

[美] 乔恩·本特利（Jon Bentley）◎著　钱丽艳 刘田 等◎译

U0191548

More
Programming Pearls

人民邮电出版社

北京

图书在版编目（ＣＩＰ）数据

编程珠玑：续 / （美）乔恩·本特利
(Jon Bentley) 著；钱丽艳等译. -- 4版. -- 北京：
人民邮电出版社，2019.10
书名原文：More Programming Pearls
ISBN 978-7-115-51629-9

Ⅰ．①编… Ⅱ．①乔… ②钱… Ⅲ．①程序设计
Ⅳ．①TP311.1

中国版本图书馆CIP数据核字(2019)第140887号

内 容 提 要

本书是计算机科学方面的经典名著《编程珠玑》的姊妹篇，讲述了对于程序员有共性的知识。本书延续了《编程珠玑》的特色，通过一些精心设计的有趣而又颇具指导意义的程序，对实用程序设计技巧及基本设计原则进行透彻而睿智的描述，为复杂的编程问题提供清晰而完备的解决思路。书中涵盖了程序员操纵程序的技术、程序员取舍的技巧、输入和输出设计以及算法示例，这些内容结合成一个有机的整体，如一串串珠玑展示给程序员。

本书对各个层次的程序员都具有很高的阅读价值。

◆ 著　　[美]乔恩·本特利（Jon Bentley）
　　译　　钱丽艳　刘　田　等
　　责任编辑　杨海玲
　　责任印制　焦志炜

◆ 人民邮电出版社出版发行　　北京市丰台区成寿寺路 11 号
　　邮编　100164　电子邮件　315@ptpress.com.cn
　　网址　http://www.ptpress.com.cn
　　固安县铭成印刷有限公司印刷

◆ 开本：720×960　1/16
　　印张：14　　　　　　　　　　　2019 年 10 月第 4 版
　　字数：259 千字　　　　　　　 2024 年 11 月河北第 9 次印刷
　　著作权合同登记号　图字：01-2007-0864 号

定价：49.00 元
读者服务热线：(010)81055410　印装质量热线：(010)81055316
反盗版热线：(010)81055315
广告经营许可证：京东市监广登字 20170147 号

版权声明

Authorized translation from the English language edition, entitled MORE PROGRAMMING PEARLS: CONFESSIONS OF A CODER, 1st Edition, ISBN: 0201118890 by BENTLEY, JON, published by Pearson Education, Inc, Copyright © 1988 by AT&T Bell Laboratories.

All rights reserved. No part of this book may be reproduced or transmitted in any form or by any means, electronic or mechanical, including photocopying, recording or by any information storage retrieval system, without permission from Pearson Education, Inc.

CHINESE SIMPLIFIED language edition published by POSTS & TELECOM PRESS, Copyright © 2019.

本书中文简体字版由 Pearson Education Inc 授权人民邮电出版社独家出版。未经出版者书面许可，不得以任何方式复制或抄袭本书内容。

本书封面贴有 Pearson Education（培生教育出版集团）激光防伪标签，无标签者不得销售。

版权所有，侵权必究。

译者序

　　本书作者 Jon Bentley 是美国著名的程序员和计算机科学家,他于 20 世纪 70 年代前后在很有影响力的《ACM 通讯》(*Communications of the ACM*)上以专栏的形式连续发表了一系列短文,成功地总结和提炼了自己在长期的计算机程序设计实践中积累下来的宝贵经验。这些短文充满了真知灼见,而且文笔生动、可读性强,对于提高职业程序员的专业技能很有帮助,因此该专栏大受读者欢迎,成为当时该学术期刊的王牌栏目之一。可以想象当时的情形,颇似早年金庸先生在《明报》上连载其武侠小说的盛况。后来在 ACM 的鼓励下,作者经过仔细修订和补充整理,对各篇文章做了精心编排,分别在 1986 年和 1988 年结集出版了 *Programming Pearls*(《编程珠玑》)和 *More Programming Pearls*(《编程珠玑(续)》)这两本书,二者均成为该领域的名著。《编程珠玑(第 2 版)》在 2000 年问世,书中的例子都改用 C 语言书写,并多处提到如何用 C++和 Java 中的类来实现。《编程珠玑(续)》虽未再版,例子多以 Awk 语言写成,但其语法与 C 相近,容易看懂。

　　作者博览群书,旁征博引,无论是计算机科学的专业名著,如《计算机程序设计艺术》,还是普通的科普名著,如《啊哈!灵机一动》,都在作者笔下信手拈来、娓娓道出,更不用说随处可见的作者自己的真知灼见了。如果说《计算机程序设计艺术》这样的巨著代表了程序员们使用的"坦克和大炮"一类的重型武器,这两本书则在某种程度上类似于鲁迅先生所说的"匕首与投枪"一类的轻型武器,更能满足职业程序员的日常需要。或者说前者是武侠小说中提高内力修为的根本秘籍,后者是点拨临阵招数的速成宝典,二者同样都是克敌制胜的法宝,缺一不可。在无止境地追求精湛技艺这一点上,程序员、数学家和武侠们其实是相通的。

　　在美国,这两本书不仅被用作大学低年级数据结构与算法课程的教材,还用作高年级算法课程的辅助教材。例如,美国著名大学麻省理工学院的电气工程与计算机科学开放式核心课程算法导论就将这两本书列为推荐读物。这两本书覆盖了大学算法课程和数据结构课程的大部分内容,但是与普通教材的侧重点又不一样,不强调单纯从

1

数学上进行分析的技巧，而是强调结合实际问题来进行分析、应用和实现的技巧，因此可作为大学计算机专业的算法、数据结构、软件工程等课程的教师参考用书和优秀课外读物。书中有许多真实的历史案例和许多极好的练习题以及部分练习题的提示与解答，非常适合自学。正如作者所建议的那样，阅读这两本书时，读者需要备有纸和笔，最好还有一台计算机在手边，边读边想、边想边做，这样才能将阅读这两本书的收益最大化。

人民邮电出版社引进版权，同时翻译出版了《编程珠玑（第 2 版）》和《编程珠玑（续）》，使这两个中译本珠联璧合，相信这不仅能极大地满足广大程序员读者的需求，还有助于提高国内相关课程的授课质量和学生的学习兴趣。

本书主要由钱丽艳和刘田翻译，翻译过程中得到了严浩、李梁、任铁男三位研究生的帮助，在此一并表示感谢。由于本书内容深刻，语言精妙，而译者的水平和时间都比较有限，错误和不当之处在所难免，敬请广大读者批评指正。

前言

计算机编程充满乐趣，有时候，它又是一门优雅的科学，还要靠它去开发和使用新的软件工具。编程与人息息相关：客户实际想解决什么问题？如何让用户容易与程序沟通？是编程让我接触到相当广泛的话题，从有机化学到拿破仑战争。本书描述了编程的所有这些方面的知识，而且远不止这些。

这是一部短文集，每篇短文独立成章，但所有短文又依据逻辑分成了几组。第 1 章至第 4 章描述操纵程序的技术；第 5 章至第 8 章给出了一些程序员的实用技巧，这是本书技术性最低的部分；第 9 章至第 12 章讲解输入和输出设计；第 13 章至第 15 章介绍了 3 个有用的子程序。这些分类主题在每个部分的引言中进行了详细说明。

本书大多数章都是以我在《ACM 通讯》杂志中的"编程珠玑"（Programming Pearls）专栏文章为基础的。各部分的引言中描述了这些文章的发表历史。既然已经发表过，为什么我还要费劲写这本书呢？自首次发表以来，这些专栏文章发生了很大变化，有了数千处小改进：有了新的问题和解决方案，纠正了小错误，并采纳了很多读者的意见。与此同时，我删除了一些旧的内容以免重复，并加入了很多新的内容，其中有一章是全新的。

然而，写本书的最大理由是，我想把各章组成一个有机的整体，我想展示一整串珠玑。我 1986 年出版的《编程珠玑》是类似的 13 篇短文的结集，围绕性能这个中心主题来组织，该主题在最早两年的《ACM 通讯》专栏中占据了突出位置。本书中也有几章再次谈及效率的话题，但全书考察的编程领域范围要大得多。

读者阅读本书时不要太快，一次一章，仔细地读。试解一下书中提出的问题——有些问题并不像看起来那样容易。有些章末尾的"深入阅读"并不是学术意义上的参考文献列表，而是我推荐的一些好书，这些书是我个人藏书的重要部分。

我很高兴能借此机会感谢许多人所作的重要贡献。感谢 Al Aho、Peter Denning、Brian Kernighan 和 Doug McIlroy 对各章提出了详细的意见。我还要感谢以下诸位提出有益的见解：Bill Cleveland、Mike Garey、Eric Grosse、Gerard Holzmann、Lynn Jelinski、David Johnson、Arno Penzias、Ravi Sethi、Bjarne Stroustrup、Howard Trickey 和 Vic Vyssotsky。感谢允许我引用他们信件的几个人，特别是 Peter Denning、Bob Floyd、Frank Starmer、Vic Vyssotsky 和 Bruce Weide。我特别要感谢 ACM 鼓励我把专栏文章出版成书，还要感谢《ACM 通讯》的许多读者，他们对原始专栏文章提出了不少意见，使得本书这个扩充版本的出版十分必要。贝尔实验室（特别是其计算科学研究中心）在我写这些专栏文章时，提供了极佳的支持环境。感谢所有的人。

Jon Bentley
于新泽西州 Murray Hill

资源与服务

本书由异步社区出品，社区（https://www.epubit.com/）为您提供后续服务。

提交勘误

作者和编辑尽最大努力来确保书中内容的准确性，但难免会存在疏漏。欢迎您将发现的问题反馈给我们，帮助我们提升图书的质量。

当您发现错误时，请登录异步社区，按书名搜索，进入本书页面，单击"提交勘误"，输入勘误信息，单击"提交"按钮即可（见下图）。本书的作者和编辑会对您提交的勘误进行审核，确认并接受后，您将获赠异步社区的 100 积分。积分可用于在异步社区兑换优惠券、样书或奖品。

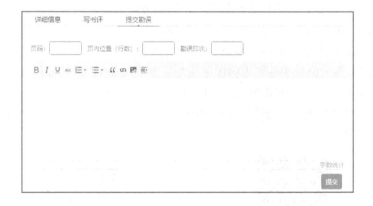

扫码关注本书

扫描下方二维码，您将会在异步社区微信服务号中看到本书信息及相关的服务提示。

与我们联系

我们的联系邮箱是 contact@epubit.com.cn。

如果您对本书有任何疑问或建议,请您发邮件给我们,并请在邮件标题中注明本书书名,以便我们更高效地做出反馈。

如果您有兴趣出版图书、录制教学视频,或者参与图书翻译、技术审校等工作,可以发邮件给我们;有意出版图书的作者也可以到异步社区在线提交投稿(直接访问 www.epubit.com/ selfpublish/submission 即可)。

如果您来自学校、培训机构或企业,想批量购买本书或异步社区出版的其他图书,也可以发邮件给我们。

如果您在网上发现有针对异步社区出品图书的各种形式的盗版行为,包括对图书全部或部分内容的非授权传播,请您将怀疑有侵权行为的链接发邮件给我们。您的这一举动是对作者权益的保护,也是我们持续为您提供有价值的内容的动力之源。

关于异步社区和异步图书

"异步社区"是人民邮电出版社旗下 IT 专业图书社区,致力于出版精品 IT 技术图书和相关学习产品,为作译者提供优质出版服务。异步社区创办于 2015 年 8 月,提供大量精品 IT 技术图书和电子书,以及高品质技术文章和视频课程。更多详情请访问异步社区官网 https://www.epubit.com。

"异步图书"是由异步社区编辑团队策划出版的精品 IT 专业图书的品牌,依托于人民邮电出版社近 30 年的计算机图书出版积累和专业编辑团队,相关图书在封面上印有异步图书的 LOGO。异步图书的出版领域包括软件开发、大数据、AI、测试、前端、网络技术等。

异步社区

微信服务号

目录

1

第一部分　编程技术

我可没有耐心把最好的留到最后，这 4 章讨论程序员工作中最精彩的部分：你盯着计算机屏幕，敲着键盘度过的那些美好时光。

第 1 章说明如何使用性能监视工具（profiler）洞察程序的动态行为，第 2 章讨论一种强大的数据结构——关联数组（associative array），第 3 章描述用来测试和调试小的子程序的脚手架（scaffolding），第 4 章给出让数据文件自描述（self-describing）的方法。

这些技术都是用来处理真实程序的，所以要用真实系统上的真实语言来说明。第 1 章用 C 语言，第 2 章和第 3 章包含几个 Awk 程序。所有例子都使用了上述某种语言。附录 A 为不熟悉这些程序的读者简单描述了 C 和 Awk。虽然本书只使用了上述语言进行说明，但所介绍的技术可用在任何系统上。

第 1 章发表在 1987 年 7 月的《ACM 通讯》，第 2 章、第 3 章与附录 A 和附录 B 的早期版本一起发表于 1985 年 6 月和 7 月两期，第 4 章发表在 1987 年 6 月那一期。

本部分内容

第 *1* 章

性能监视工具

听诊器是一种简单工具，却给医生的工作带来了革命：它让内科医生能有效地监控病人的身体。性能监视工具（profiler）对程序起着同样的作用。

你现在用什么工具来研究程序？复杂的分析系统很多，既有交互式调试器，又有程序动画系统。正如CT扫描仪永远代替不了听诊器一样，复杂的软件也永远代替不了程序员用来监控程序的最简单工具——性能监视工具，我们用它了解程序各部分的执行频率。

本章先用两种性能监视工具来加速一个小程序（记住真正的目的是说明性能监视工具）。后续各节简要介绍性能监视工具的各种用途、非过程语言的性能监视工具，以及开发性能监视工具的技术。

1.1　计算素数

程序P1是个ANSI标准C程序，依次打印所有小于1 000的素数（如果读者不了解C，请看附录A）。

程序P1

```
        int prime(int n)
        {   int i;
999         for (i = 2; i < n; i++)
78022           if(n%i == 0)
831                 return 0;
168         return 1;
        }
        main()
        {   int i, n;
1           n = 1000;
1           for (i = 2; i <= n; i++)
999             if (prime(i))
```

```
168                 printf("%d\n", i);
       }
```

如果整型参数n是素数,上述prime函数返回1(真),否则返回0。这个函数检验2到n−1之间的所有整数,看其是否整除n。上述main过程用prime子程序来依次检查整数2～1 000,发现素数就打印出来。

我像写任何一个C程序那样写好程序P1,然后在性能监视选项下进行编译。在程序运行之后,只要一个简单的命令就生成了前面所示的列表。(我稍微改变了一些输出的格式。)每行左侧的数由性能监视工具生成,用于说明相应的行执行了多少次。例如,main函数调用了1次,其中测试了999个整数,找出了168个素数。函数prime被调用了999次,其中168次返回1,另外831次返回0(快速验证:168+831=999)。prime函数共测试了78 022个可能的因子,或者说为了确定素数性,对每个整数检查了大约78个因子。

程序P1是正确的,但是很慢。在VAX-11/750上,计算出小于1 000的所有素数约需几秒钟,但计算出小于10 000的所有素数却需要3分钟。对这些计算的性能监视表明,大多数时间花在了测试因子上。因而下一个程序只对n考虑不超过$\sqrt{n}$的可能的整数因子。整型函数root先把整型参数转换成浮点型,然后调用库函数sqrt,最后再把浮点型结果转换回整型。程序P2包含两个旧函数和这个新函数root。

程序P2

```
        int root(int n)
5456    { return (int) sqrt((float) n);  }

        int prime(int n)
        {   int i;
999         for (i = 2;  i <= root(n);  i++)
5288            if (n % i == 0)
831                 return 0;
168         return 1;
        }

        main()
        {   int i, n;
1           n = 1000;
1           for (i = 2;  i <= n;  i++)
999             if (prime(i))
168                 printf("%d\n", i);
        }
```

修改显然是有效的:程序P2的行计数显示,只测试了5 288个因子(程序P1的1/14),总共调用了5 456次root(测试了5 288次整除性,168次由于i超出了root(n)而终止循环)。不过,虽然计数大大减少了,但是程序P2运行了5.8秒,而程序P1只运行了2.4秒(本节末尾的表中含有运行时间的更多细节)。这说明什么呢?

迄今为止，我们只看到了行计数（line-count）性能监视。过程时间（procedure-time）性能监视给出了较少的控制流细节，但更多地揭示了CPU时间：

```
%time      cumsecs       #call      ms/call      name
82.7         4.77                                 _sqrt
 4.5         5.03         999        0.26         _prime
 4.3         5.28        5456        0.05         _root
 2.6         5.43                                 _frexp
 1.4         5.51                                 _ _doprnt
 1.2         5.57                                 _write
 0.9         5.63                                 mcount
 0.6         5.66                                 _creat
 0.6         5.69                                 _printf
 0.4         5.72           1       25.00         _main
 0.3         5.73                                 _close
 0.3         5.75                                 _exit
 0.3         5.77                                 _isatty
```

过程按照运行时间递减的顺序列出。时间上既显示出总秒数，也显示出占总时间的百分比。编译后记录下源程序中main、prime和root这3个过程的调用次数。再次看到这几个计数是令人鼓舞的。其他过程没有性能监视的库函数，完成各种输入/输出和清理维护工作。第4列说明了带语句计数的所有函数每次调用的平均毫秒数。

过程时间性能监视说明，sqrt占用CPU时间的最多：该函数共被调用5 456次，for循环的每次测试都要调用一次sqrt。程序P3通过把sqrt调用移到循环之外，使得在prime的每次调用中只调用一次费时的sqrt过程。

程序P3

```
        int prime(int n)
        {   int i, bound;
999         bound = root(n);
999         for (i = 2;  i <= bound;  i++)
5288            if (n % i == 0)
831                 return 0;
168         return 1;
        }
```

当$n = 1\,000$时，程序P3的运行速度大约是程序P2的4倍，而当$n = 100\,000$时则超过10倍。以$n = 100\,000$的情形为例，过程时间性能监视显示，sqrt占用了程序P2的88%的运行时间，但是只占用了程序P3的48%的运行时间。这好多了，但仍然是循环的累赘。

程序P4合并了另外两个加速措施。首先，程序P4通过对被2、3和5整除的特殊检验，避免了近3/4的开方运算。语句计数表明，被2整除的性质大约把一半的输入归入合数，被3整除把剩余输入的1/3归入合数，被5整除再把剩下的这些数的1/5归入合数。其次，只考虑奇数作为可能的因子，在剩余的数中避免了大约一半的整除检验。它比程序P3大约快两倍，但也比P3的错误更多。下面是（带错的）程序P4，你能通过检查语句计数看出问题吗？

程序P4

```
        int root(int n)
265     {   return (int) sqrt((float) n);  }

        int prime(int n)
        {  int i, bound;
999         if (n % 2 == 0)
500             return 0;
499         if (n % 3 == 0)
167             return 0;
332         if (n % 5 == 0)
67              return 0;
265         bound = root(n);
265         for (i = 7; i <= bound; i = i+2)
1530            if (n % i == 0)
100                 return 0;
165         return 1;
        }
        main()
        {   int i, n;
1           n = 1000;
1           for (i = 2;  i <= n; i++)
999             if (prime(i))
165                 printf("%d\n", i);
        }
```

先前的程序找到168个素数，而程序P4只找到165个。丢失的3个素数在哪里？对了，我把3个数作为特殊情形，每个数都引入了一处错误：prime报告2不是素数，因为它被2整除。对于3和5，存在类似的错误。正确的检验是

```
if (n % 2 == 0)
    return (n == 2);
```

依次类推。如果n被2整除，如果n是2就返回1，否则返回0。对于 $n = 1\,000$、10 000和100 000，程序P4的过程时间性能监视结果总结在下表中。

n	时间百分比		
	sqrt	prime	其他
1 000	45	19	36
10 000	39	42	19
100 000	31	56	13

程序P5比程序P4快，并且有个好处：正确。它把费时的开方运算换成了乘法，如以下程序片段所示。

程序P5的片段

```
265                 for (i = 7; i*i <= n; i = i+2)
1530                    if (n % i == 0)
100                        return 0;
165             return 1;
```

它还加入了对被2、3、5整除的正确检验。程序P5总的加速大约有20%。

最后的程序只对已被判定为素数的整数检验整除性；程序P6在1.4节，用Awk语言写成。C实现的过程时间性能监视结果表明，在$n=1\,000$时，49%的运行时间花在prime和main上（其余是输入/输出）；而当$n=100\,000$时，88%的运行时间花在这两个过程上。

下面这个表总结了我们已经看到的这几个程序。表中还包含另外两个程序作为测试基准。程序Q1用习题答案2中的埃氏筛法程序计算素数。程序Q2测量输入/输出开销。对于$n=1\,000$，它打印整数$1, 2, \cdots, 168$；对于一般的n，它打印整数$1, 2, \cdots, P(n)$，其中$P(n)$是比n小的素数的个数。

程　　序	运行时间（秒），$n=$		
	1 000	10 000	100 000
P1，简单版本	2.4	169	?
P2，只检验平方根以下	5.8	124	2 850
P3，只计算一次开方	1.4	15	192
P4，特殊情形2、3、5	0.5	5.7	78
P5，用乘法代替开方	0.3	3.5	64
P6，只检验素数	0.3	3.3	47
Q1，简单筛法	0.2	1.2	10.4
Q2，打印1..$P(n)$	0.1	0.7	5.3

本节集中讲述了性能监视的一种用途：当你调优单个子过程或函数的性能时，性能监视工具能告诉你运行时间都花在了哪里。

1.2　使用性能监视工具

对于小程序来说，性能监视很容易实现，因此性能监视工具是可有可无的；但是对于开发大软件来说，性能监视工具则是不可或缺的。Brian Kernighan[①]曾经使用行计

---

① Brian Kernighan（1942—），著名计算机科学家，现为普林斯顿大学教授。他与人合作创造了Awk和AMPL编程语言，对Unix和C语言的设计也有很大贡献。他还与人合写了多部计算机名著，包括与Ritchie合著的*The C Programming Language*。——编者注

数性能监视工具，研究了一个用于解释Awk语言程序的4 000行的C程序。那时这个Awk解释程序已广泛使用了多年。扫描该程序75页长的程序清单就会发现，大多数计数都是成百上千的，有些甚至上万。一段晦涩的初始化代码，计数接近百万。Kernighan对一个6行的循环做了几处修改，程序速度就提高了一倍。他自己可能永远也猜不出程序的问题源头所在，但是性能监视工具引导他找到了。

Kernighan的这一经历是相当典型的。在1.7节引用的论文中，Don Knuth[1]给出了Fortran程序许多方面（包括性能监视）的经验研究。该论文中有一个被经常引用（而且常常是被错误地引用）的命题："一个程序中不到4%的语句通常占用了一半以上的运行时间。"对许多语言和系统的大量研究表明，对于不处理I/O密集型的大多数程序，大部分的运行时间花在了很小一部分代码上。这种模式是下述经验的基础：

> Knuth在论文中描述了用行计数性能监视工具进行自我分析的结果。性能监视结果表明，一半的运行时间花在了两个循环上。结果花了不到一小时修改了几行代码，就让这个性能监视工具的速度提高了一倍。

> 第14章描述的性能监视结果说明，一个1 000行的程序把80%的时间花在一个5行的子程序上。把这个子程序改写成十几行，就让程序的速度提高了一倍。

> 1984年贝尔实验室的Tom Szymanski打算给一个大系统提速，结果却使该系统慢了10%。他删除了修改的部分，然后多打开了一些性能监视选项以查明失败原因。他发现占用的存储空间增加到了原来的20倍，行计数显示存储空间的分配次数远多于释放次数。接下来用一条指令就纠正了错误，正确的实现让系统加速了一倍。

> 性能监视表明，操作系统一半的时间花在一个只有少数几条指令的循环上。改写微代码中的这个循环带来一个量级的提速，但是系统的吞吐量不变：性能组已经优化了系统的空闲循环！

这些经历引出了上一节粗略提到过的一个问题：应当在什么输入上监视程序的性能？查找素数的程序只有一个输入n，该输入强烈影响到时间性能监视：对于小的n，输入/输出占大头；对于大的n，计算占大头。有的程序的性能监视结果对输入数据非常不敏感。我猜想大多数计算薪水的程序都有相当一致的性能监视结果，至少从2月

---

[1] Don Knuth（1938—），中文名高德纳，著名计算机科学家，斯坦福大学荣休教授。因对算法分析和编程语言设计领域的贡献获1974年图灵奖。他是名著《计算机程序设计艺术》的作者，设计了TEX排版系统。——编者注

到11月如此。但有的程序的性能监视结果会随输入不同有巨大变化。难道你从没有察觉到，你的系统被调整得在制造商的基准数据上运行起来风驰电掣，而处理起你的重要作业时却慢如蜗牛？仔细挑选你的输入数据吧。

性能监视工具对于性能之外的任务也有用。在找素数的练习中，它指出了程序P4的一个错误。行计数在估计测试覆盖面时极有价值，比如，如果出现零，则说明有代码未测试。DEC公司的Dick Sites这样描述性能监视的其他用途："(1) 在两层微存储实现中，决定哪些微代码放到芯片上；(2) 贝尔北方研究院（Bell Northern Research）的一位朋友某个周末在带有多重异步任务的实时电话交换软件系统上实现了语句计数。通过查看异常计数，他发现了现场安装的代码中存在6处错误，所有错误都涉及不同任务之间的交互。其中一处错误用常规调试技术无法成功追踪到，其余错误还没有被当作问题（也就是说，这些错误症状可能已经发生，但是没有人能够将其归结为具体的软件错误）。"

1.3　专用的性能监视工具

到目前为止我们所看到的性能监视工具的原理，适用于从汇编和Fortran直到Ada这样的程序设计语言，但是很多程序员现在使用更强大的语言。如何监视Lisp或APL程序的计算性能？又如何监视网络或数据库语言程序的计算性能？

我们打算用UNIX的管道（pipeline）作为更有趣的计算模型的例子。管道是一系列的过滤程序（filter）：当数据流经每个过滤程序时，对数据施加变换。下面这个经典的管道按照频率递减顺序打印某文件中使用最多的25个单词[1]。

```
cat $* ¦
tr -cs A-Za-z '\012' ¦
tr A-Z a-z ¦
sort ¦
uniq  -c ¦
sort -r -n ¦
sed 25q
```

当用这个管道在一本大约6万字的书中寻找25个最常见的单词时，我们监视这个

---

[1] 这7个过滤程序执行下列任务：(1) 连接所有输入文件；(2) 让每行包含一个单词，办法是把字母表以外的符号（-c）翻译成新行（ASCII八进制12），去掉重复的空行（-s）；(3) 把大写翻译成小写；(4) 排序，以便把相同的单词归并在一起；(5) 把连续的相同单词换成一个代表单词及其计数（-c）；(6) 按照数值（-n）递减（-r）顺序来排序；(7) 经过一个流编辑器，在打印25行后退出（q）。本书10.5节用图片描述了上述第(4)、(5)、(6)步中的sort ¦ uniq -c ¦ sort组合。

管道的性能。输出的前6行是：

```
3463 the
1855 a
1556 of
1374 to
1166 in
1104 and
   ...
```

下面是对VAX-11/750上计算的"管道性能监视"：

```
lines     words      chars
10717     59701     342233        times
57652     57651     304894     14.4u 2.3s 18r    tr -cs A-Za-z \012
57652     57651     304894     11.9u 2.2s 15r    tr A-Z a-z
57652     57651     304894     104.9u 7.5s 123r  sort
 4731      9461      61830     24.5u 1.6s 27r    uniq -c
 4731      9461      61830     27.0u 1.6s 31r    sort -rn
   25        50        209     0.0u 0.2s 0r      sed 25q
```

左边几列说明每个阶段的数据：行数、单词数、字符数。右边部分描述了数据阶段之间的过滤程序：用秒表示的用户时间、系统时间以及真实时间，后面是命令本身。

这个性能监视结果给出了程序员感兴趣的许多信息。这个管道是快速的，处理150页的书只需3.5分钟。第一次排序花了这个管道57%的运行时间，这种经过仔细调优的实用程序很难再提速了。第二次排序只花了这个管道14%的时间，但是还有调优的余地[1]。这个性能监视结果还发现了管道中隐藏的一处小错误。UNIX高手们会乐于找出引入空行的地方。

这个性能监视结果也透露了文件中单词的信息：共有57 651个单词，但只有4 731个不同的单词。在第一个翻译程序之后，每个单词有4.3个字母。输出表明，最常见的单词是"the"，占了文件的6%。6个最常见的单词占了文件的18%。对英语中最常见的100个单词做专门处理也许还能提高速度。试试看从这些计数中找出其他有趣的表面规律。

跟许多UNIX用户一样，我过去也用手工监视管道的性能，利用单词计数（wc）命令来统计文件，用time命令来统计进程。"管道性能监视工具"让这个任务自动化了。用管道和一些输入文件的名称作为输入，产生性能监视结果作为输出。2小时和

---

[1] 第二次排序花了第一次排序25%的时间，却只处理了输入行数的8%——数值（-n）标记很费时间。当我们在单列输入上监视这个管道的性能时，第二次排序几乎与第一次排序花一样的时间。这个性能监视的结果对输入数据很敏感。

50行代码就足以建立这个性能监视工具。下一节详细阐述这个话题。

1.4 开发性能监视工具

开发一个真正的性能监视工具是件困难的事情。Peter Weinberger[1]开发了C行计数性能监视工具，我们前面看到的输出就是这个工具产生的。他在几个月时间内断断续续干了好几周才完成这个项目。本节描述如何更容易地开发一个简化版本。

Dick Sites声称他的朋友"在某个周末实现了语句计数"。我觉得这简直难以置信，于是我决定要试着为附录A描述的Awk语言（这种语言还没有性能监视工具）开发一个性能监视工具。几小时后，当我运行程序P6的Awk版本时，我的性能监视工具生成了如下输出。

程序P6及性能监视工具生成的输出

```
BEGIN {  <<<1>>>
    n = 1000
    x[0] = 2; xc = 1
    print 2
    for (i = 3;  i <= n;  i++) {  <<<998>>>
        if (prime(i)) {  <<<167>>>
            print i
        }
    }
    exit
}
function prime(n,  i) {  <<<998>>>
    for (i=0; x[i]*x[i]<=n;  i++) {  <<<2801>>>
        if (n % x[i] == 0) {  <<<831>>>
            return 0
        }
    }
    {  <<<167>>>  }
    x[xc++] = n
    return 1
}
```

在左花括号后尖括号内的数显示该语句块被执行了多少次。幸运的是，这些计数与C行计数器产生的计数一样。

我的性能监视工具包含两个5行的Awk程序。第一个程序读Awk源程序并且写一个新程序，其中在每个语句块开始的地方给不同的计数器加1；而在执行结束时，一个

---

[1] Peter Weinberger，著名计算机科学家，现在谷歌任职。他是Awk语言的设计者之一（Awk中的w），曾任贝尔实验室计算机科学研究部主任。——编者注

新的END动作（见附录A）把所有计数写入一个文件。当这样得出的程序运行时，就生成一个计数文件。第二个程序读出这些计数，把这些计数合并到源文本中。带性能监视的程序大约比原来的程序慢25%，而且并不是所有的Awk程序都能正确处理——为了监视几个程序的性能，我不得不做出整行（one-line）的修改。但对于所有这些缺点来说，搭起一个能运行的性能监视工具，花几小时并不算什么大投入。在*AWK Programming Language*一书的7.2节给出了一个类似的Awk性能监视工具的细节，本书2.6节引用了这本书。

人们实现过一些快速性能监视工具，但鲜见报道。下面举几个例子。

　　在1983年8月的*BYTE*杂志上，Leas和Wintz描述了一个性能监视工具，用一个20行的6 800汇编语言程序来实现。

　　贝尔实验室的Howard Trickey在一小时内用Lisp实现了函数计数，办法是修改defun，在进入每个函数时给计数器加1。

　　1978年，Rob Pike[①]用20行Fortran程序实现了一个时间性能监视工具。在CALL PROFIL(10)之后，后续的CPU时间被计入计数器10。

在这些系统和许多其他系统上，在一晚上写出一个性能监视工具是可能的。在你第一次使用所得到的性能监视工具时，这个工具轻易就能节省超过一个晚上的工作量。

1.5　原理

本章只浮光掠影地介绍了性能监视。我介绍了最基础的内容，忽略了搜集数据的其他方式（比如硬件监视器）和其他显示方式（比如动画系统）。本章所要传达的信息同样是基本的。

❑ 使用性能监视工具。让本月成为性能监视工具月。请在随后几周内至少监视一个程序片段的性能，并且鼓励你的伙伴们也这样做。记住，当一个程序员屈尊来帮助一个小程序时，并不总是高瞻远瞩的。

❑ 开发性能监视工具。如果你还没有方便的性能监视工具，就自造一个吧。大多数系统都提供基本的性能监视操作。20世纪60年代不得不观察控制台灯光来获

---

① Rob Pike（1956—），著名计算机科学家，现任职于谷歌。他参与了Unix操作系统的开发，并领导了分布式操作系统Plan 9和Inferno以及Limbo语言的设计。他与Kernighan合撰了名著《程序设计实战》。——编者注

得信息的程序员，现在可从个人工作站的图形窗口获得同样的信息。一个小程序通常足以把系统的命令特性包装成方便的工具。

1.6　习题

1. 假设数组 $X[1..1000]$ 中散布着随机实数。下面这个例程计算最小值和最大值：

```
Max := Min := X[1]
for I := 2 to 1000 do
    if X[I] > Max then Max  := X[I]
    if X[I] < Min then Min  := X[I]
```

B. C. Dull 先生注意到，如果一个元素是新的最大值，则这个元素不可能是最小值。因而他把两次比较写成

```
if      X[I] > Max then Max := X[I]
else if X[I] < Min then Min := X[I]
```

这样平均起来将节省多少次比较？先猜猜答案，再通过实现和监视程序性能来找出答案。你猜得怎么样？

2. 下列问题与计算素数有关。

    a. 程序P1到P6把运行时间缩短了两个数量级。你能进一步提高性能吗？

    b. 实现简单的埃氏筛法（Sieve of Eratosthenes）来计算所有小于 n 的素数。这个程序的主要数据结构是一个 n 比特的数组，初始值都为真。每发现一个素数时，数组中所有这个素数的倍数就设置为假。下一个素数就是数组中下一个为真的比特。

    c. 上述筛法的运行时间作为 n 的函数是什么样子的？找出一个运行时间为 $O(n)$ 的算法。

    d. 给出一个非常大的整数（比如说几百比特长），你如何检验其是否为素数？

3. 一种简单的语句计数性能监视工具为每条语句设置一个计数器。描述一下如何使用更少的计数器来减少内存和运行时间。（我曾经用过Pascal系统监视一个程序的性能，结果把程序变慢为原来的1/100；本章描述的行计数性能监视工具采用了本题的技巧，只让程序变慢几个百分点。）

4. 一种简单的过程时间性能监视工具这样估计每个过程所花的时间：在有规律的间隔下观察程序计数器（在我的系统上是每秒60次）。这个信息给出了程序文本每个

部分所花的时间，但是没有给出哪个过程最费时间。有些性能监视工具给出了每个函数及其动态调用的子函数所花的时间。说明如何从运行时栈中搜集更多信息，以区分出调用函数和被调用函数所花的时间。给定这些数据后，你如何以有用的形式来显示这些数据？

5. 准确的数值有助于解释程序在单个数据集上的性能监视结果。但是当有很多数据时，长长的一串数字则可能掩盖数值中的信息。你如何显示程序或管道在100个不同输入上的性能监视结果？特别考虑一下数据的图形显示。

6. 1.4节中的程序P6是个正确的程序，其正确性却难以证明。问题出在哪里？如何解决这个问题？

1.7　深入阅读

Don Knuth的"Empirical Study of Fortran Programs"发表在1971年*Software —— Practice and Experience*第一卷上（第105~133页）。关于"动态统计"的第3节讨论了行计数和过程时间计数，以及用这两种计数搜集的统计数据。第4节调优了17个关键的内循环，获得了从1.5~13.1倍的加速。在过去的十几年中，我每年至少要读一遍这篇经典论文，越读越觉得好，因此我强烈推荐这篇论文。

第 *2* 章

关联数组

人类学家说，语言深刻地影响了世界观。一般把这个观察结果称为"Whorf假说"[①]，也经常把它总结为"语言塑造了人的思想"。

跟大多数程序员一样，我使用的Algol系列的语言塑造了我的计算思维。对于像我这样的程序员来说，PL/1、C和Pascal看起来都很相似，我们不难把这样的代码翻译成COBOL或Fortran的代码。用这些语言能轻易地表达我们旧的、习以为常的思维模式。

另外一些语言则挑战了我们对于计算的看法。我们感到惊奇的是：Lisp用户们用S表达式和递归来神奇地工作，APL迷们用一组长向量的外积来为世界建模，Snobol程序员把任何问题都变成一个很大的字符串。我们这些Algol系列的程序员可能会发现，研究这些"异族文化"是痛苦的，但是这种体验一般会增长我们的见识。

本章讨论Algol传统之外的一种语言特性：关联数组（associative array）。我们熟悉的数组都用数值作下标，而关联数组则允许像*count* ["*cat*"]这样的引用。这样的数据结构出现在Snobol和Rexx（一种IBM命令解释器）这样的语言中，它允许我们用简单的程序来表达复杂的算法。这些数组与Algol相似到可以很快被理解的程度，又新到足以挑战我们思维习惯的程度。

本章将讨论Awk语言提供的关联数组。虽然Awk的大多数成分都来自Algol传统，但是关联数组和其他几个特性还是值得研究的。下面这一节介绍Awk的关联数组；后续几节描述两个重要的程序，这两个程序用大多数Algol系列的语言来写都是很麻烦的，却可以用Awk优雅地表达出来。

[①] 由美国语言学家Benjamin Whorf（1897—1941）提出，也称Sapir-Whorf假说，认为语言本身会影响人的概念形成，从而影响人的思维模式和世界观，进而影响社会文化。——编者注

2.1 Awk 中的关联数组

附录A中概述了Awk语言。我们将通过研究一个程序来简要复习一下这个语言，这个程序找出姓名文件中可疑的项。这个程序的每一行都是一个"模式-动作"对。对于每个输入行，如果这个输入行与左侧的一个模式匹配，则执行右侧括号中包含的动作。这个完整的Awk程序只包含3行代码：

```
length($1) > 10  { e++;  print "long name in line",  NR}
NF != 1          { e++;  print "bad name count in line",  NR}
END              { if (e > 0) print "total errors: ",  e }
```

第一个模式捕捉长的名字。如果第一个字段（名为$1）超过10个字符，则相应的行为是对e增1，并使用内建变量NR（记录个数或行数）打印一条警告信息。变量e统计错误个数，Awk通常将所有变量初始化为零。第二个"模式-动作"对捕捉那些没有恰好包含一个名字的行（内建变量NF统计输入行中字段的数量）。第三个动作在输入的结尾执行，用于打印错误的个数。

关联数组并不在Awk内核之中，许多Awk程序并不使用它。但这些数组很巧妙地集成到了语言之中：如同其他变量一样，数组不用被声明，它在第一次使用时自动初始化。

现在转向有关名字的第二个问题：给定包含n个名字的文件，生成全部n^2个名字对。我知道一些人曾用这样的程序为他们的孩子选取名和中名。如果输入文件包含名字Billy、Bob和Willy，那么输出将引导父母为孩子选择一个更悦耳的名字，比如Billy Bob而不是Billy Willy。

这个程序使用变量n计数当前已看到的名字个数。和所有Awk变量一样，其初始值为零。第一个语句在输入的每一行上都执行，注意n在使用之前加1。

```
     { name[++n] = $1 }
END { for (i = 1;  i <= n;  i++)
         for (j = 1;  j <= n;  j++)
             print name[i], name[j]
     }
```

输入文件被读取后，名字存储在*name*[1]到*name*[*n*]中。END动作用两层for循环打印名字对。注意，尽管该程序只使用数值下标[①]，但却不必事先声明*name*数组的大小。

---

① Snobol中区分数组和表：数组用数值作下标，而表用字符串作下标。Awk只有一种数组，数值下标在存储之前先转换成字符串。下标可能有多重索引——Awk把多重索引连接成一个单键，索引之间用一个特殊字符分隔。

16

程序产生许多输出,特别是在输入文件中多次出现某些名字的情况下。因此,下一个程序使用一个字符串索引的数组来清理输入文件。完整的程序如下:

```
{ if ( count[$1]++ == 0 ) print $1 }
```

一个名字第一次读取时它的*count*值为零,于是它被输出,并增加相应的数组元素。该名字的后续出现被读到时,其*count*值变大但不做任何额外动作。程序结束后,*count*的下标恰好代表了名字的集合。

这一事实让我们可以将之前的两个程序合为一个:给定一个名字文件(可能有重复的),下面的程序打印所有的名字对。

```
      { name[$1] = 1 }
END { for (i in name)
        for (j in name)
            print i, j
      }
```

关联数组*name*代表名字集合,其中所有值都是1。信息包含在数组索引中,可以用下述形式的循环来检索:

```
for ( i in name ) statement
```

该循环在所有*i*值上重复执行statement。作为*name*的下标,*i*恰好代表输入文件里的名字。该循环以任意的顺序列举所有的名字,名字通常是不排序的。(Awk的确为UNIX系统排序提供了一个方便的接口,但这已经超出了本章的范围。)

下一个程序将应用从托儿所转移到了厨房。购物清单

```
chips    3
dip      2
chips    1
cola     5
dip      1
```

其实应按项合并得到更简便的形式:

```
dip      3
cola     5
chips    4
```

下面的程序完成这一任务:

```
      { count[$1] = count[$1] + $2 }
END { for (i in count) print i, count[i]  }
```

1.3节给出了一个程序,统计文档中每个单词出现的次数。下面的程序用Awk中的

字段非常简单地定义单词为用空白分隔的字符序列。因此，字符串"Words"、"words"和"words;"是3个不同的单词。

```
      { for (i = 1;  i <= NF;  i++) count[$i]++  }
END { for (i in count) print count[i], i  }
```

这个程序在VAX-11/750上用了40秒的CPU时间来处理本章的一份草稿中的4 500个单词。出现频率最高的3个单词是"the"（213次）、"to"（110次）和"of"（104次）。11.1节将回到有关这个程序运行时间的问题上来。

下面这个简单的拼写检查器报告输入文件中所有不在字典文件dict中的单词。预处理使用Awk的getline命令将字典读入数组*goodwords*中：

```
BEGIN  { while (getline <"dict") goodwords[$1] = 1 }
       { for (i = 1;  i <= NF;  i++)
             if (!($i in goodwords))
                 badwords[$i] = 1
       }
END    { for (i in badwords) print i }
```

主要的处理过程收集*badwords*，后处理过程打印违例的词。测试

```
if ( $i in goodwords ) ...
```

当第*i*个字段是数组*goodwords*的下标时为真，而非运算符!将这一条件取反。不熟悉Awk的程序员或许用过更简单的条件测试

```
if ( goodwords[$i] == 0 ) ...
```

这一条件测试的答案是一样的，但却会产生不必要的副作用——向*goodwords*数组中插入一个新的零值元素。过量的元素会明显增加程序的时间和空间开销。

有这些小例子作为背景，我们将继续看两个大一点的程序。好在我们不需要研究太大的程序。

2.2 有穷状态机模拟器

有穷状态机（FSM）是计算的一种优雅的数学模型和有用的实践工具，它在程序设计语言的词法分析、通信协议以及简单硬件设备等许多应用领域都有广泛的用途。Wulf、Shaw、Hilfinger和Flon在他们合著的*Fundamental Structures of Computer Science*[①]一书（Addison-Wesley出版社1981年出版）的1.1节讨论了这一主题。

---

① 该书中译版曾于1987年由科学出版社出版，中文书名《计算机科学的基本结构》。——编者注

作为例子，他们考虑这样一个简单的任务——"抑制"比特流中所有新出现的1：

```
Input:     011010111
Output:    001000011
```

紧跟在0后面的1被改成0，输入流中的所有其他比特位不变。

下面的两状态自动机在其状态中对最后一个输入比特进行编码："LIZ"表示"Last Input Zero"，而"LIO"表示"Last Input One"。

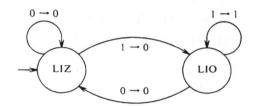

指向LIZ的横向箭头表明这是初始状态。从LIZ到LIO的弧线的意思是，如果自动机当前处于状态LIZ且输入是一个1，则输出一个0并进入状态LIO。

执行FSM的程序使用两个主要数据结构。如果FSM包含弧线

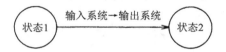

那么下面的等式成立：

```
trans[State1, InSym] == State2
out[State1, InSym]    == OutSym
```

名字trans表示状态转换，out表示输出符号。

上面描述的自动机和输入编码如下：

```
LIZ  0 LIZ 0
LIZ  1 LIO 0
LIO  0 LIZ 0
LIO  1 LIO 1
start  LIZ
0
1
1
0
...
```

前4行表示FSM中的4条边。第一行说，如果自动机当前状态为LIZ且输入为0，那么下

一个状态是LIZ并输出0。第五行确定初始状态，之后的行是输入数据。

下面的程序按上面描述的形式执行FSM。

```
run == 1 { print out[s, $1]; s = trans[s, $1]  }
run == 0 { if ($1 == "start") { run = 1; s = $2 }
           else { trans[$1, $2] = $3; out[$1, $2] = $4 }
         }
```

该程序有两个主要的模式。起初，变量*run*值为零。在这个模式下，将自动机的转换添加到数组*trans*和*out*中。当输入的某一行的第一个字段是字符串"start"时，程序将相应的初始状态存放到s中，然后切换到运行模式。然后每步的执行都将产生输出并改变状态，每步转换后的状态可以看成是当前输入（$1）和当前状态（s）的函数。

这个微型的程序有很多缺点。例如，对于未定义的转换，它做出的反应将是灾难性的。事实上，这个程序顶多适合个人使用。另一方面，它为创建更健壮的程序提供了便利的基础，见习题2。

2.3 拓扑排序

拓扑排序算法的输入是一个有向无环图，例如：

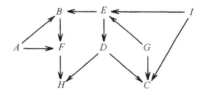

如果图中包含从*A*到*B*的边，那么*A*就是*B*的祖先而*B*是*A*的后代。算法必须对图中结点排序以使得所有祖先出现在它们的后代之前，下图是许多可能排序中的一种。

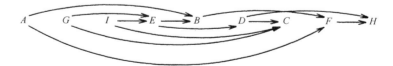

算法还必须能够处理输入图中包含回路因此无法完成排序的可能情况。

这样的算法可以应用于绘制物体的三维场景。如果物体*B*在视图中处于物体*A*的前面，那么*A*就在*B*之前，因为*A*必须在*B*之前完成绘制。下图左边由4个矩形构成的场景能够导出右边的偏序。

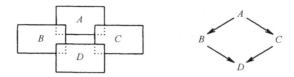

图2-5中有两种对顶点的有效排序，即 *A B C D* 和 *A C B D*。每种排序都恰当地给出了物体的覆盖图。拓扑排序的其他应用包括对技术文档进行布局（术语在使用之前必须先定义）以及处理层次化VLSI设计（算法在处理一个部件之前必须先处理其组成部分）。继续阅读之前，请花一分钟思考你将如何编写对有向图进行拓扑排序的程序。

我们将研究一个拓扑排序算法，该算法引自Knuth的《计算机程序设计艺术，卷1：基本算法》①一书的2.2.3节。该算法的循环步骤如下：选出一个没有祖先的结点*T*，将*T*写到输出文件中，然后从图中删除从*T*出发的所有边。下图显示了这个算法如何应用在之前的四结点场景图上。算法的各阶段从左向右进行，每一阶段选出的结点*T*都画了圈。

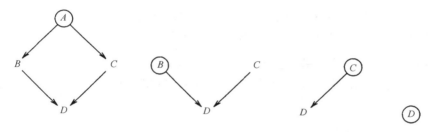

排序结果是*A B C D*。

这个算法的一种低效的实现在每一步都要扫描整个图以找到没有祖先的结点。现在来研究一个更简单也更高效的算法。对每个结点，新算法都存储它的祖先数量以及后代结点集合。比如，上面所画的四结点图表示如下：

结点	祖先数量	后代
A	0	*B* *C*
B	1	*D*
C	1	*D*
D	2	

算法的循环步骤每次选出一个祖先结点数为零的结点，把它写到输出文件中，其所有后代结点的祖先数量全部减少1。然而，算法必须仔细记住不同顶点其祖先计数变为

---

① 该书第3版英文影印版已由人民邮电出版社于2010年出版，中译版也由人民邮电出版社出版。
　　——编者注

零的先后顺序，这里使用了一个结点队列。（如果在所有结点的祖先计数变为零之前队列为空，那么程序报告图中存在回路。）

下面的伪代码假设输入给程序的图是由一系列（祖先，后代）对表示的，每行一对。

```
as each (pred, succ) pair is read
    increment pred count of succ
    append succ to successors of pred
at the end of the input file
    initialize queue to empty
    for each node i
        if pred count of i is zero then append i to queue
    while queue isn't empty do
        delete t from front of queue; print t
        for each successor s of t
            decrement pred count of s
            if that goes to zero then append x to queue
    if some nodes were not output then report a cycle
```

算法的运行时间与图中的边数成比例，只比最理想的情况多出一个常数因子。（每条边处理两次：一次是读，一次是从队列中将其删除。）

Awk程序使用一个索引范围是$1..n$的数组来实现队列。整型变量qlo是队列首元素的索引，qhi是尾元素的索引。后代集合由两个数组实现。如果A有后代B、C、D，那么下面的关系成立：

```
succct["A"] == 3
succlist["A",   "1"] == "B"
succlist["A",   "2"] == "C"
succlist["A",   "3"] == "D"
```

这个Awk程序的输入是一个祖先-后代对文件,其输出是排序好的结点列表或关于这样的列表不存在的警告。

```
    { ++predct[$2]              # record nodes in predct,
      predct[$1] = predct[$1]   # even those with no preds
      succlist[$1, ++succcnt[$1]] = $2
    }
END { qlo = 1
      for (i in predct) {
          n++; if (predct[i] == 0) q[++qhi] = i
      }
      while (qlo <= qhi) {
          t = q[qlo++]; print t
          for (i = 1; i <= succcnt[t]; i++) {
              s = succlist[t, i]
              if (--predct[s] == 0) q[++qhi] = s
```

```
        }
    }
    if (qhi != n) print "tsort error: cycle in input"
}
```

程序第二行保证所有结点都作为*predct*的索引出现，即便没有祖先的结点也一样。

本程序的关联数组表示了几种不同的抽象数据类型：一个结点名字的符号表、一个记录数组、一个二维的后代集合序列以及一个结点队列。本程序小巧、便于理解，但在较大的程序中无法清楚分辨不同的抽象数据类型就会降低程序可读性。

2.4 原理

Awk可以使程序员事半功倍。我们目前看到的多数程序如果使用传统的语言编写，代码量恐怕会多出一个数量级。规模的减小归功于Awk的几个特性：输入行之上的隐式循环、自动分隔成字段、变量的初始化和转换，以及关联数组。

关联数组是Awk将字符串和数值这样的基本数据类型结合起来的唯一机制，别无他法。幸而关联数组可以很自然地表示许多数据结构。

❑ 数组。一维、多维和稀疏数组实现起来都很容易。

❑ 顺序结构。队列和栈是由关联数组加一个或两个索引产生的。

❑ 符号表。符号表提供了从名字到值的一个映射：*symtab*[*name*] = *value*。如果所有名字有同样的值，那么这个数组就表示一个集合。

❑ 图。有穷状态机和拓扑排序都对有向图进行处理。FSM程序使用图的矩阵表示，而拓扑排序使用边–序列表示。

除了教学，Awk及其关联数组还有什么实际价值吗？Awk程序很小，这并不总是优点（像APL单行程序一样，Awk程序会使人费解，令人不胜其烦），但10行代码几乎总是要胜过100行代码。不幸的是，Awk代码运行起来似乎很慢。符号表的效率相对比较高，但以整数为索引的数组却要比传统实现慢上几个数量级。在什么情况下小而慢的程序才有用呢？

❑ 与开发成本相比，许多程序的运行时间成本是可以忽略的。Awk拓扑排序程序对某些任务来说已经接近产品质量了，但在出现错误时应该更健壮一些。

❑ 简单的程序可以得到有用的原型。先让用户尝试一个小规模程序。如果他们喜欢，再创建一个工业级的版本。

❑ 我用Awk作为小的子程序的测试环境，我们下一章再回到这个话题。

2.5　习题

1. 选择本章的一个Awk程序，然后用另外一种语言重新编写。两个程序在源代码规模和运行时效率上相比如何？

2. 用各种方式加强FSM模拟器。考虑加入错误（坏状态、坏输入等）检查、默认转换以及字符类（例如整数和字母）。编写程序对一个简单的程序设计语言进行词法分析。

3. 本章的拓扑排序程序在输入图有回路的情况下给出报告。修改这个程序以打印回路，让它在出现错误时更健壮一些。

4. 说明由三维场景导出的图可能包含回路。给出可以保证无回路的限制条件。

5. 为下面的任务设计程序。怎样使用关联数组来简化这些程序？

   a. 树。编写程序创建并遍历二叉树。

   b. 图。用深度优先搜索重写拓扑排序程序。给定一个有向图和一个结点x，返回所有从x可以到达的结点。给定一个带权图和两个结点x、y，返回从x到y的最短路径。

   c. 文档。使用一个简单的字典把一种自然语言翻译成另外一种自然语言（英-法字典中的一行可能包含两个单词"hello bonjour"）。为课本或程序文件准备交叉引用表，每个单词的所有引用都要用行号列出。Awk程序员可以试着使用输入字段分隔符和替换命令来完成对单词的更现实的定义。

   d. 随机句子生成。本程序的输入是一个如下的上下文无关文法：
   ```
   S   →  NP VP
   NP  →  AL N | N
   N   →  John | Mary
   AL  →  A | A AL
   A   →  Big | Little | Tiny
   VP  →  V AvL
   V   →  runs | walks
   AvL →  Av | AvL Av
   Av  →  quickly | slowly
   ```
   程序应当生成随机的句子，如"John walks quickly"或"Big Little Mary runs slowly quickly slowly"。

e. 过滤器。第二个"名字"程序从文件里过滤出重复的单词，而拼写检查程序则过滤出字典中的单词。编写其他的单词过滤器，比如删除不在"批准列表"中的单词，按原来的顺序留下批准的单词。（当输入排好序时这些任务更容易。）

f. 棋盘游戏。实现Conway的"生存游戏"。你可能会用到Awk的`delete x[i]`语句来删除旧的棋盘位置。

6. 描述关联数组的多种实现，并分析每个元素的访问时间和存储成本。

2.6　深入阅读

Aho、Kernighan和Weinberger在1977年设计并创建了最初的Awk语言。（无论如何，都不要重新排列他们姓氏的首字母！ [①]）在Addison-Wesley出版社1988年出版的*AWK Programming Language*一书中，他们详细讲述了该语言及其高明的用法。该书第7章说明Awk如何成为实验算法的一个有用工具，我们将在本书的第3章、第13章和第14章以这样的目的来使用Awk；该书第6章把Awk作为一个小语言处理器来讲述，我们将在本书第9章这样使用Awk。该书其他章节提供了一个参考指南并将Awk应用于数据处理、数据库和文字处理中。这本Awk的书是对一门有趣而实用的语言的出色导论。

[①] Awk语言的名称来源于三个开发者姓氏的首字母，若按字母顺序排列，就应当是Akw，但是Awk更像一个英文单词，而且还有"难用的"（Awkward）诙谐意味在里面。——译者注

第3章

程序员的忏悔

大多数程序员都会花许多时间去测试和调试，不过在他们写程序的时候，却很少注意这些问题。本章将为你讲述我如何测试和调试几个困难的子程序，以及我在测试和调试的过程中所使用的"脚手架方法"。大厦周围的脚手架使得工人能够接触到他们本来无法接触到的地方；软件中的脚手架由临时程序和数据组成，它们可以使程序员访问系统的各个组件。脚手架不会随着程序一起发放给客户，然而在测试和调试中却是不可或缺的。

背景就介绍到这儿，给大家说两段令人痛苦的回忆。

忏悔1。数年前，我所编写的一个500行左右的程序中间需要使用一个选择算法子程序。我知道这个问题比较困难，就从一本相当不错的算法课本里抄了20行代码。多数时候程序都能正常运行，可是也时不时地出毛病。在调试了两天之后，我终于发现问题出在那个抄来的选择子程序里面。在大多数的调试时间里，我根本就没把这段程序列入怀疑范围之内：我相信书上关于该程序正确性的非正式证明，而且我还反复检查了几次以保证我的程序和书上的一样。但是，书上的一个"<"其实应该是"≤"。我对那本书的作者有些失望，不过更加为自己的愚蠢而懊恼：花15分钟在选择子程序上搭一个脚手架就能解决的问题，我却浪费了两天的时间。

忏悔2。就在动笔写本章的几个星期之前，我正在写另一本书，其中包括一个选择子程序。我使用了程序验证的方法来推导代码，所以确信程序是正确的。当我把这段程序放进书的正文里之后，我想知道是否还要再花时间来测试它。我不置可否，企图决定……

结论和另外一段忏悔将出现在本章的后面部分。

本章就是关于小型算法中的测试与调试工具的。我们将仔细地检查两段子程序，并修正其中几个常见的错误，这样可以使得我们的学习变得更加有趣。艰难地调过这些代码后的回报是，本章将会通过描述一个小型的子程序库并测试其正确性来总结调试方法，我希望这个库能帮助你在自己的程序中使用正确的子程序。

警告：前方的代码中有错误

3.1　二分搜索

　　"黑盒方法"是一种极端的测试方法：由于完全不知道程序的内部结构，因此就把程序当成一个黑盒，测试者准备好一系列输入，并通过程序输出来确定程序是否正确。本节所要讲的是测试方法的另外一个极端：把代码放进一个白盒子[①]里，我们盯着它一步步地运行。

　　我们要研究的代码是一段二分搜索。下面就是子程序的代码以及一个简单的测试框架：

```
function bsearch(t,   1, u, m)  {
     l = 1; u = n
     while  (l  <= u)  {
         m = int((l+u)/2)
print "   ",  l, m, u
             if       (x[m] < t)  l = m
             else if  (x[m] > t)  u = m
             else return m
     }
     return 0
}
$1== "fill"    { n = $2; for (i = 1; i <= n; i++) x[i] = 10*i }
$1== "n"       { n = $2  }
$1== "x"       { x[$2] = $3  }
$1== "print"   { for  i = 1;  i <= n;  i++} print i ":\t" x[i]  }
$1== "search"  { t = bsearch($2); print "result:", t }
```

　　这个用Awk写的函数只有一个参数t，参数表中的后几项都是局部变量。如果t在数组中，程序将返回t在$x[1..n]$中的下标，否则返回0。print语句全程跟踪l、m和u的值（当前搜索步中的下边界、中间值和上边界）。为了表明这是一个脚手架，我把它放到了最左边。你能指出这段代码有什么问题吗？

　　程序的最后5行是Awk的"模式-动作"对。如果用户的输入匹配了左侧的模式，则右侧括号里的代码将被执行。如果用户输入的第一个字段（$1）是fill，则第一

---

① 从逻辑上讲，应该说盒子是"不透明的"还是"透明的"（"漆的"还是"玻璃的"），不过我还是坚持传统，使用不符合逻辑的黑与白的说法。

个对中的模式成真。在这样的行上面，第二个字段（$2）将会成为*n*的值，并且后面的for循环会在数组*x*中添上*n*个值。

下面一段文本来自于这个程序的一次运行。我先输入了fill 5，然后程序产生了一个5个元素的有序数组。当我输入print的时候，程序打印出了数组的内容。

```
fill 5
print
1:          10
2:          20
3:          30
4:          40
5:          50
```

下面我们对于数组进行几次搜索。我输入search 10，接下来的3行表明了搜索范围不断缩小并最终将10定位在*x*的第一个位置上。对于40和30的搜索结果也是同样正确的。

```
search 10
   1 3 5
   1 2 3
   1 1 2
result: 1
search 40
   1 3 5
   3 4 5
result: 4
search 30
   1 3 5
result: 3
```

但是，下面这个搜索就出了麻烦：

```
search 50
   1 3 5
   3 4 5
   4 4 5
   4 4 5
   4 4 5
   4 4 5
   4 4 5
   4 4 5
   ...
```

在这个提示下，你能找到程序的错误所在吗？

二分搜索应该可以不断缩小*l*..*u*的范围，直到终止。这通常是通过l=m的赋值来完成的，但是当*l*与*m*的数值相等时，循环将不会终止。（程序验证的方法可以帮助系统推导这段代码，m是证明停机性的关键。）赋值u=m应类似地改为u=m-1。修正后的正确的二分搜索代码见附录B。

我们可以用n和x命令修改由fill命令产生的数组。为了测试修正后的代码对于含有两个相同元素的数组如何反应，我们用命令x 2 10将x[2]设置为10，再用一条命令设置n为2。

```
fill 5
x 2 10
n 2
print
1:      10
2:      10
search 20
   1 1 2
   2 2 2
result : 0
```

在对于20的搜索中，程序正确地得出20不在数组中的结论。

如果有人能在最终版本的二分搜索中找出一个错误，那我会是十分惊讶的。我使用程序验证方法证明了程序的正确性，并用附录B中的方式通过了黑盒测试。通过本节中的简单观察，我更加确信程序的工作方式和我预想的一样。这种信心就来自于这6行Awk代码构造的一个脚手架。

本节中所使用的方法很简单，人人都知道。不幸的是，程序员们却总是忽略脚手架这类简单的方法。花几分钟来测试每个像二分搜索这样的小程序的原型，在把这段代码放入一个大型系统之后，就可能节省几个小时的调试时间。如果一个难度较大的子程序在大程序中出错，就建立一个脚手架，使得你可以直接访问这段代码，或者更干脆，用Awk这种具有良好支持的语言重新构建一个小版本。

3.2 选择算法

下面这段程序使用Hoare的select算法求数组x[1..n]中第k小的元素。其工作方式就是排列x中的元素，使得x[1..k-1]≤x[k]≤x[k+1..n]。我们将在第15章进一步学习这段程序：

```
function select(l, u, k,    i, m) {
    if (l < u) {
        swap(l,  l+int((u-l+1)*rand()))
        m = l
        for (i = l+1;  i <= u;  i++)
```

```
        if (x[i] < x[l])
              swap(++m, i)
     swap(l, m)
     if      (m < k) select(m+1, u, k)
     else if (m > k) select(l, m-1, k)
   }
}
```

代码正确性的证明很容易，第一次测试就通过了所有的测试实例。

这个程序使用了"尾递归"：递归调用位于子程序的最后。通过把函数调用变成赋值和循环，可以消除尾递归。下一个版本用while循环取代了尾递归，这样做导致了我的下一个忏悔。我的第一个错误当然就是狡辩是否要测试这段代码。任何一个像我这样常常出错的作者，都应当要么就好好测试程序，要么就老老实实地注明："注意——下面的代码未经测试"。第二个错误在于这个选择算法本身，发现了吗？

```
function swap(i, j,   t) { t = x[i]; x[i] = x[j]; x[j] = t }
function select(k,   l, u,  i, m) {
    l = 1; u = n
    while  (l < u)  {
print l, u
        swap(l, 1+int((u-l+1)*rand()))
        m = l
comps = comps + u-l
        for (i = l+1;  i <= u;  i++)
            if (x[i] < x[l])
                swap(++m, i)
        swap(l, m)
        if      (m < k)  l = m+1
        else if (m > k)  u = m-1
    }
}
$1=="fill"  { n = $2; for (i = 1;  i <= n;  i++) x[i] = rand()  }
$1=="n"     { n = $2 }
$1=="x"     { x[$2] = $3 }
$1=="print" { for (i = 1;  i <= n;  i++) print "   ", x[i]  }
$1=="sel"   { comps = 0; select($2); print "  compares:",  comps
              print "  compares/n:",  comps/n
              for (i=1;   i < k;   i++) if (x[i] > x[k]) print i
              for (i=k+1; i <= n; i++) if (x[i] < x[k]) print i
            }
```

我们将看着这个程序一步步地工作。fill命令将在数组中放满[0, 1]区间中的随机数，print命令和前一程序的功能相同。

```
fill 5
print
    0.93941
    0.532356
```

```
    0.392797
    0.446203
    0.535331
```

命令sel 3将数组划分开，使得数组中的第三小的元素放在*x*[3]中。在进行运算的同时，程序会将中间数据打印出来，并检查最终解的正确性。后续的print命令将显示被划分后的数组。

```
sel 3
1 5
3 5
3 5
3 5
3 4
   compares:  11
   compares/n:  2.2
print
    0.446203
    0.392797
    0.532356
    0.535331
    0.93941
```

尽管程序结果是正确的，但是计算过程却很可疑。你能根据计算的记录找出错误的所在吗？

我们重构数组，以使错误显露得更加明显。构造如下测试：

```
fill 2
x 1 5
x 2 5
print
    5
    5
```

选择第2小的元素仍然可以正确工作，不过找最小元素就出问题了。

```
sel 2
1 2
  compares :  1
  compares/n: 0.5
sel  1
1 2
1 2
1 2
1 2
...
```

有了这个信息，我很容易地找到了错误，并更谨慎地处理了尾递归消除所产生的问题。

修正后的代码见15.2节和附录B。（这个程序能够算出很多的正确答案，只不过是因为其中的随机swap语句常常隐蔽了错误罢了。随机性通常可以补偿错误，很难说这是好还是坏。）

撇开正确性问题不说，原来的代码存在性能上的问题：即使得出了正确的结果，花费的时间也太长了。在第15章中，我们将看到一个大约需要$3.4n$次比较的求n元数组中位数的算法。这些测试（以及更多类似的测试）表明附录B中修正过的程序的性能指标的确可以达到这一范围：

```
fill 50
sel 25
  compares:  134
  compares/n: 2.68
fill 100
sel 50
  compares:  363
  compares/n:  3.63
```

为了节省篇幅，我把用于跟踪l和u数值的print语句删去了。在实际测试中，看着程序按照你预想的方式运行，实在是一件令人兴奋的事情。

3.3　子程序库

本章在《ACM通讯》上发表之前，许多程序员都说他们以之前发表的文章中用伪代码描述的算法作为基础，拿自己喜欢的编程语言进行了重新实现。我一直想要把这些算法整理成一个小的库，却总是苦于代码太长。1985年年初，Awk语言中引入了函数，我发现这正是用于交流子程序代码的最理想的工具，函数可以使得代码简洁、清楚，并经过很好的测试。

工业级子程序库的设计者不得不面临许多困难的问题，比如可移植性、效率、接口通用性。设计者还必须选择一种合适的实现语言，使得用它编程的程序员能够很容易地访问这些子程序。然而，这样的选择必然导致其他编程语言的程序员无法使用该子程序库。

附录B里面的是一系列"语言无关"的子程序，适合于在各种语言中实现。一个正常的程序员通常不会用Awk这样的东西[①]来写一个正经的程序，这些代码对于那些使

---

① 除了顺序搜索和插入排序，库中所有的程序在渐进复杂度的意义上都是最优的——通常都是$O(n \log n)$。对于与数组相关的问题，Awk的解释执行和关联数组的设计会使得程序的运行速度比起那些传统的编译语言慢上几个数量级。

用类Algol语言的程序员同样很有用。这些程序都很短，我们放弃了追求百分之二三十的效率提升，而选择了保持程序的简洁性。程序没有准备接口，所有的程序都作用于数组$x[1..n]$。对于那些没有更好的库的程序员来说，编写简短、清晰、正确的程序是一个很好的出发点。

子程序本身所占据的部分不足程序的一半，余下部分都是用于黑盒的正确性测试。（脚手架总是这么庞大。在《人月神话》的第13章里，Fred Brooks[①]认为"一个软件产品中应该有一半的代码都是脚手架"；《计算机程序设计艺术，卷1》的1.4.1节中，Knuth也提出了要准备和最终发布的代码一样多的脚手架。）所有测试都是同一结构的：先构造输入，然后调用程序，最后检查结果。这些测试都是边运行边报告测试进展情况。这有助于定位错误，那些不报告错误的运行则鼓舞人心——至少你知道程序能做一部分事情。这些测试中n的取值从0到$bign$，其中$bign = 12$，所做的工作量不超过$O(n^3)$。排序测试考察了全部$n!$种排列方式，其中n在0到$smalln$之间，$smalln = 5$。这样可以在很大概率上找出算法在处理哪种排列的时候会失败。（多数的随机测试无法这样彻底。）在一台VAX-11/750计算机上，运行完整的测试需要7分钟时间。

除了前面讨论过的选择程序（在第15章中有详细的描述），我所写的这些Awk程序都是从之前章里面的伪代码翻译过来的。这些章曾用程序验证的方法对程序正确性给出了非正式的证明。在本书出版之前，我已用各种方法测试了这些程序，结合了观察、测量以及黑盒测试；书中有几章报告了我在测试过程中所发现的错误。因此当测试没有发现逻辑错误时，我并不感到吃惊；我修正了几处语法错误，每处不到一分钟。

然而测试却找出了Awk的两处有趣的错误。第一个错误使得二分搜索程序bsearch变成了一个无限循环。我从附录B中提取出一个小型脚手架（类似于3.1节的脚手架），很明显地能发现这个无限循环。我把产生这一结果的15行代码拿给Brian Kernighan，他那个时候正在向Awk中加几个新特性。我当时不能肯定错误是在我的程序里，还是在他的程序里，不过错误是Kernighan的可能性更大一些，我这样做冒了一点险，要是错误是在我的程序里，我就会受到他的奚落。把代码

```
else return m
```
改成

```
else { print "returning"; return m }
```

---

① Fred Brooks（1931—），著名计算机科学家，因在计算机体系结构、操作系统和软件工程方面里程碑性的贡献而荣获1999年图灵奖。他在IBM公司领导了OS/360操作系统的开发，并以此经历写成名著《人月神话》，30多年后仍畅销不衰。他于1965年创办北卡罗来纳大学计算机系，并执教至今。——编者注

就可以看到Awk解释器中的新函数犯了一个常见错误：在一个循环中没有正确执行return语句。在找到这个错误之后，Kernighan花了不到10分钟就修正了Awk。

然后我跑回我的终端前，很兴奋地看到这次二分搜索成功地通过了n从1到9的测试。然而当$n = 10$的时候，程序再次失败了，我的心都快碎了。那个时候，$bign = 10$。我实在想不出为什么程序会在$n = 10$的时候失败，又按照$bign = 9$和$bign = 11$各运行了一次，希望问题的产生是因为那是最后一次测试。不幸的是，代码总是一直到9都能正确运行，然后运行10或者11就会出错。从9到10，到底出了什么问题？

Awk变量既可以是数值，也可以是字符串。Awk的说明书中说，如果比较的双方都是数值，那么就按照数值比较的规则来比较，否则就按照字符串的规则来比较。由于这个程序涉及函数调用的特殊情况，解释器误认为字符串"10"先于字符串"5"。我写了6行的小程序捕捉到了这个错误，Kernighan在次日解决了这个问题。

3.4 原理

本章触及了程序员日常工作中的一些常见任务。它们可能不是那么吸引人，但是绝对很重要。

脚手架。 本章介绍了程序原型、在程序中加入输出以观察运行过程、度量代码以及组件测试等方法。其他的脚手架方法还有测试数据（虚拟的文件和数据结构）以及使用"残桩"代码模拟未完成的程序从而方便自顶向下的测试。

专用语言。 合适的编程语言可以使代码的长度减少一个量级，清晰程度上升一个量级。请大家自己发掘各语言的优势和特性。Awk是一种构造算法原型的极好的语言：其内置的关联数组可以使你模拟许多常用的数据结构；它的字段、隐式循环、模式-动作对等设计极大地简化了输入输出过程；隐式的变量声明和初始化也使得程序更加简洁。*AWK Programming Language*一书（见2.6节）的第7章中还有关于用Awk进行算法实验的更多资料。13.2节和答案14.6给出了两个小型算法中应用的Awk脚手架。

测试与调试。 本章专注于测试和调试小的程序。先用使用白盒测试的方法观察程序是否按照我们预想的方法运行，然后再用黑盒测试来增加自己对于程序正确性的信心。

错误报告。 对于子程序库的组件测试不经意间变成了对于Awk最近新引入特性的一次系统测试。Kernighan把这种现象称作"新用户现象"：新系统的每一个新用户都能够发现一系列的新错误。相比于之前的用户，我对函数的钻研更深。在这个300行的程序两次遇到Awk的错误时，我都是先用一段小的程序（一个是15行，一个只有6行）重现这一奇异的现象，然后才报告错误的。贝尔通信研究院的Stu Feldman这样描述他多年来维护一个Fortran编译器的经验：

> 当你在错误报告附上25 000行代码的时候，无论是程序作者、支持机构还是你的朋友，都会选择无视你的报告。我花了几年时间来教会他这一点（为了保护当事人，把姓名隐去了）。采用的技术包括凝视代码、发挥直觉、用二分法（试着扔掉子程序的后半部分）等。

如果你发现了一个错误，请使用最小的测试用例来报告它。

程序验证的角色。为了保证自己的程序是正确的，我会使用任何可用的方法。非正式的验证方法可以帮助我编写代码，并在实现前就检验我的想法，一旦实现了代码，测试就变成了最关键的问题。我在程序验证方面有了些经验后，再也不会对于一个复杂的小程序第一次运行就正常工作而感到惊讶。如果程序不能工作，我会通过测试和调试的方法找到没有被满足的断言，并修改相应的代码。（我对于"赶快改，直到程序正常工作为止"之类的催促向来不感冒——我只写我能够理解的程序。）附录B中展示了断言的两种用法：一个程序的前置和后置条件准确而简洁地描述了程序的行为，代码中的断言注释（尤其是循环不变式）解释了算法。如何把验证方面的想法更直接地应用于测试，请参考习题3。

3.5 习题

1. 构建脚手架，使得你可以通过它观察附录B中程序的行为。堆看起来特别有趣。

2. 改进附录B中的assert程序，使得它可以报告错误发生的位置。

3. assert程序也可以用于白盒测试：把现在注释中的断言改写成对于断言程序的调用。用这种方式重写附录B中一个程序的断言。按照习题4的要求，这样做能否增强测试能力？

4. 通过在不同的程序中引入新的错误来评价附录B中的黑盒测试。哪些测试能够捕捉哪些错误？

5. 用另一种编程语言重写本章的程序。相比于Awk代码，它们长了多少？

6. 编写脚手架，使自己能够计算附录B中不同算法的时间性能。你能用图形的方法把结果表示出来吗？

7. 对于一个不同的问题领域（比如图算法），建立一个类似的子程序库。力求得到简短正确并效率合理的算法。

8. 仅仅从附录B中的字面说法上理解，下面的程序可以算是一个正确的排序算法：

```
for (i = 1; i <= n; i++)
    x[i] = i;
```

排序算法当然还必须保证输出的数组是输入的一个排列。附录B中的堆排序和选择排序算法仅仅使用swap程序来修改数组，从而保证满足这一性质。而对于一个没有这样好的结构的程序，你将如何测试这一性质呢？

第 *4* 章

自描述数据

你刚刚用了三个CPU小时执行一次模拟来预测你公司未来的经济情况，老板让你解释下面的输出：

```
Scenario 1:    3.2%         -12.0%          1.1%
Scenario 2:   12.7%           0.8%          8.6%
Scenario 3:    1.6%          -8.3%          9.2%
```

嗯……

你开始钻研模拟程序来找出每个输出变量的含义。好消息——方案2为下一个财政年度规划了美好的前景。现在你要做的一切就是揭示其中的奥妙。哎呀——方案1是你公司当前的策略，注定要失败。方案2做了什么，让它如此有效？回到程序，试着找出每种方案读取的输入文件……

每个程序员都知道破解神秘数据的挫折与艰辛。本章前两节讨论两种在数据文件中嵌入描述的技术，第3节将这两种方法应用到具体问题上。

4.1 名字-值对

许多文档生成系统支持如下形式的参考书目：

```
%author      A.V. Aho
%author      M.J. Corasick
%title       Efficient string matching:
             an aid to bibliographic search
%journal     Communications of the ACM
%volume      18
%number      6
%month       June
%year        1975
%pages       333-340
```

```
%title       The Art of Computer Programming,
             Volume 3: Sorting and Searching
%author      D.E. Knuth
%publisher   Addison-Wesley
%city        Reading, Mass.
%year        1973
```

空白行分隔文件中不同的项。以百分号开头的一行包含一个识别项，后面跟着任意文本，文本可以延续到后续的行而不必以百分号开头。

目录文件中的行是名字-值对：每一行包含一个属性的名称和该属性的取值。名字和取值足以进行自描述，因此不需要对它们进行详细说明。这种格式用来表示目录和其他复杂数据模型是特别便利的。它支持缺失属性（没有卷号的书和没有所属城市的期刊）、多重属性（比如作者）以及字段的任意排序（你不需要记住卷号是否在月份之前）。

名字-值对在许多数据库中是有用的。比如，在海军舰艇数据库中，可能会用如下的名字-值对描述美国的尼米兹号航空母舰：

```
name          Nimitz
class         CVN
number        68
displacement  81600
length        1040
beam          134
draft         36.5
flightdeck    252
speed         30
officers      447
enlisted      5176
```

这样一条记录对输入、存储和输出可能是有用的。用户可以使用标准文本编辑器将该记录项插入数据库中。数据库系统可能会用这种形式来存储记录，马上我们会看到一种空间效率更高的数据表示。这条记录可以包含在如下查询的答案中："哪些舰艇的排水量高于75 000吨？"

名字-值对在这一假想的应用中提供了许多有利条件。输入、存储和输出可以使用同一种格式，这就同时简化了用户和实现者的工作。这一应用本质上是可变格式的，因为不同舰艇具有不同的属性：潜艇没有飞行甲板而航母则没有潜水深度。不幸的是，例子中并没有在文档中为不同属性的数量提供单位，马上我们就会回到这个问题上来。

一些数据库系统使用上面提到的形式将记录存储在大块存储器中。这种形式可以特别容易地为已有的数据库中的记录增加字段。和具有多个字段且多数字段为空的固定格式的记录相比，名字-值对格式的空间效率相当高。然而，如果存储空间紧缺，相应的数据库可以压缩成如下格式：

```
naNimitz¦clCVN¦nu68¦di81600¦le1040¦
be134¦dr36.5¦fl252¦sp30¦of447¦en5176
```

每个字段以两个字符组成的名字开头，以垂直线结束。输入/输出格式和存储格式通过一个数据字典进行关联：

```
ABBR    NAME            UNITS
na      name            text
cl      class           text
nu      number          text
di      displacement    tons
le      length          feet
be      beam            feet
dr      draft           feet
fl      flightdeck      feet
sp      speed           knots
of      officers        personnel
en      enlisted        personnel
```

在这个字典中，缩写总是取名字的前两个字符，但并非一般情况下都这样。讨厌虚伪的读者或许会抱怨上面的数据并不是一种名字-值的格式。正常的结构支持列表格式，但注意开头行是嵌入在数据中的另一种自描述。

名字-值对是一种为程序提供输入的便利方式。它是第9章将要描述的"小语言"中最小的一种，可以帮助满足Kernighan和Plauger在*Elements of Programming Style*（第2版由McGraw-Hill出版社在1978年出版）的第5章提出的评判标准：

> 使用有助于记忆的输入和输出。让输入易于准备（也易于正确地准备）。

> 将输入和任何系统默认值回显到输出中，使得我们不需要对输出加以说明。

名字-值对在与输入-输出没什么关系的代码中也是很有用的。比如，假设我们想要写一个子程序向数据库中加入一条舰艇。多数语言用参数列表中的位置对参数的（正式）名字进行指称。位置指称会导致非常笨拙的函数调用：

```
addship( "Nimitz", "CVN", "68", 81600, 1040,
        134, 36.5, 447, 5176,,,30,,,252,,,, )
```

缺失参数表示本记录中没有的字段。30指的是以海里/时为单位的航速，还是以英尺为单位的吃水深度？注释习惯上的一点点训练可以帮助解决这一混乱：

```
addship( "Nimitz",      # name
        "CVN",          # class
        "68" ,          # number
        81600,          # disp
        1040,           # length
        ...)
```

一些语言支持命名参数，这让事情更容易了：

```
addship(name = "Nimitz",
        class =   "CVN",
        number =  "68",
        disp = 81600,
        length = 1040,
        ... )
```

如果你的语言没有命名参数，你可以使用一些子程序来模拟（变量name、class等是不同的整型）：

```
shipstart()
shipstr(name,  "Nimitz")
shipstr(class,  "CVN")
shipstr(number,  "68")
shipnum(disp, 81600)
shipnum(length,  1040)
   ...
shipend()
```

4.2　记录来历

一件博物馆藏品的来历（provenance）列出了它的由来或起源，具有来历的古董更加珍贵（这张椅子是如此这般制造的，然后由某某人购买，等等）。或许我们可以把来历作为一件非生物的血统来看待。

对许多程序员而言，来历是很陈腐的观念。一些软件商店坚持程序的来历要保存在它的源代码中：作为对模块其他使用说明的补充，来历给出了代码的历史（何时由何人做了什么改动，为什么要做相应的改动）。数据文件的来历通常保存在一个关联文件（比如更新记录）中。杜克大学的Frank Starmer讲述了他的程序如何生成包含自身来历的数据文件。

　　我们经常面临这样的问题：如何记录我们对数据进行过的操作。常见的做法是通过创建一个如下形式的UNIX管道来考察数据集合：

```
sim.events -k 1.5 -1 3 |
sample -t .01  |
bins -t .01
```

第一个程序是带有两个参数k和l（在本例中被设置成1.5和3）的模拟程序[①]。第一行结尾的垂直线把输出输送给第二个程序，后者对指定频率的数据进行

---

① 注意这两个参数是通过一种简单的名字–值机制设置的。

取样，进而再将输出输送给第三个程序，第三个程序把输入切分成小块以适合进行直方图的图形化显示。

当看到这样的计算结果时，对不同命令行和用到的数据文件使用一个"审核记录"（audit trail）是有帮助的。因此我们创建了一种机制来"注释"文件，以便在审核输出时，一切都能被显示或打印出来。

我们使用几种类型的注释。一个"审核记录"行识别一个数据文件或一条命令行转换。一个"字典"（dictionary）行给输出的每一列的属性进行命名。一个"帧分隔符"（frame separator）将一系列与某个一般事件相关联的记录分离开。一条"注"（note）允许我们在文件中加入自己的评论。所有注释的开头都是一个叹号紧跟该注释的类型；其他各行都保持原样并且作为数据进行处理。这样上面管道的输出看上去可能是这样：

```
!trail sim.events -k 1.5 -l 3
!trail sample -t .01
!trail bins -t .01
!dict bin_bottom_value item_count
0.00    72
0.01    138
0.02    121
    ...
!note there is a cluster around 0.75
!frame
```

我们的程序库中的所有程序都自动地从输入中将已有的注释复制到输出中去，此外还加入一个新的trail注释为它们自己的动作记录文档。重新定义数据格式的程序（如bins）加入一条dict注释来描述新的格式。

我们这样做是为了可以活下来。这一训练对输入和输出数据文件的自明性是有帮助的。其他很多人创建了类似的机制，只要可能，我都将别人加强的地方复制过来而不是自己编写新的。

贝尔实验室的Tom Duff[1]在一个处理图片的系统上使用了类似的策略。他开发了一大套UNIX程序对图片进行转换。一个图片文件包含文本行以及图片本身（以二进制表示），文本行列出了生成该图片（以空白行结尾）的命令。作为文件开头的文本行提供了图片的来历。在开始这项实践之前，Duff有时会得到精美的图片，但却不知道什么样的转换生成了它，现在他可以从图片的来历中重新构造任何图片了。

---

[1] Tom Duff（1952—），著名程序员，目前任职于迪士尼公司Pixar动画工作室，合作开发了计算机图形学关键技术之一Porter-Duff图像合成法。他也是著名的Unix上rc shell的作者。——编者注

Duff用单个库程序实现了图片的来历,所有程序在执行之前都调用这一库程序,后者将老的命令行复制到输出文件中,然后将当前程序的命令行写到输出中。

4.3　排序实验

为使上面的想法更具体些,我们将其应用到排序程序的实验任务上。上一章的实验处理程序的正确性,本节的实验关注程序的运行时间。本节将简单介绍一个用来收集性能数据的接口,第15章将使用这样的数据。输入和输出都用名字-值对来描述,而输出包含了输入的完整描述(输入的来历)。

排序算法的相关实验包含调整各种参数、执行指定的程序,然后报告计算过程的关键属性。将要被执行的具体操作可以通过一系列名字-值对来描述。因此排序小实验的输入文件可以是下面的描述:

```
n          100000
input      identical
alg        quicksort
cutoff     10
partition  random
seed       379
```

本例的问题规模n被设置为100 000。输入数组初始化为identical元素(其他选项包括random、sorted或reversed元素)。本实验中排序算法有quick(快速排序)、insert(插入排序)和heap(堆排序)。cutoff和partition具体指定了quicksort算法的一些实现中的额外参数。

模拟程序的输入是一系列上述格式的实验,由空白行分隔。输出刚好是同样格式的名字-值对,也由空白行分隔。输出记录的第一部分包含原输入的描述,即每个实验的来历。输入之后是3个额外的属性:comps记录比较的次数,swaps对交换次数进行计数,而cpu记录过程的运行时间。因此一个输出记录会包含上述的输入记录,后面跟着如下的字段:

```
comps      4772
swaps      4676
cpu        0.1083
```

给定排序程序和额外的支持过程,就容易创建控制程序了。其主循环可以用伪代码表示如下:

```
loop
    read input line into string S
    if end of file then break
```

44

```
    F1 := first field in S
    F2 := second field in S
    if S = "" then
        simulate()
        reset variables to their default values
    else if F1 = "n" then
        N := F2
    else if F1 = "alg" then
        if      F2 = "insertsort"  then alg := 1
        else if F2 = "heapsort"    then alg := 2
        else if F2 = "quicksort"   then alg := 3
        else error("bad alg")
    else if F1 = "input" then
        ...
    write S on output
simulate()
```

代码读取每个输入行，处理名字-值对，然后把它复制到输出当中。simulate()子程序进行实验并将名字-值对写到输出中，它在每个空白行和文件结尾处被调用。

这一简单结构对许多模拟程序都是有用的。其输出可被人类识别或作为后续程序的输入。输入变量一同为实验提供了来历；因为它们与输出变量一同出现，任何特定的实验都可以重复执行。变量格式允许额外的输入和输出参数被加入到之后的模拟当中，而不需要更改已有数据的结构。习题8显示了这一方法如何用来进行成组的实验。

4.4　原理

本章只是介绍了一些自描述数据的皮毛。比如，一些系统允许程序员将两个未指定类型的数值（从整数到复数矩阵）对象相乘。系统在运行时会先检查存储在操作数中的描述来决定其类型，进而执行合适的操作。标记体系结构（tagged-architecture）的机器[①]为自描述对象提供了硬件支持，一些通信协议也将对数据格式和类型的描述与数据本身一同存储。我们很容易找出更多五花八门的自描述数据的例子。

本章集中讨论两种简单但却有用的自描述。每种自描述都反映了程序文档生成的重要原理。

最重要的文档助手是简洁的编程语言。

名字-值对是一种简单、优美而且实用的语言机制。

---

① 在Lisp机器和Burrough大系统等标记体系结构计算机中，每个机器字都由数据和描述数据的标记组成。——编者注

程序文档的最佳位置就在源文件中。数据文件是保存该文件自身来历的好地方，不仅易于操作而且不易丢失。

4.5 习题

1. 自文档化程序包含有用的注释和提示性缩进。实验一下，对一个数据文件进行排版，使其便于阅读。必要的话，请修改程序，在处理文件时忽略空白和注释。先使用文本编辑器做。如果排版后的记录便于阅读，那么再试着编写一个"美观打印"程序以这种格式呈现任意一条记录。

2. 给出一个数据文件的例子，该文件包含一个对它自己进行处理的程序。

3. 好的程序利用注释成为自描述性的，然而自描述程序终极目标却是在其执行时打印它的源代码。用你最喜欢的语言写一个这样的程序。

4. 许多文件是隐式自描述的：尽管操作系统并不知道它们包含什么，用户却能一眼看出一个文件包含的是程序源代码、英文文本、数值数据还是二进制数据。如何编写程序，对这样一个文件的类型进行有启发性的猜测？

5. 在你的计算环境下找出一些名字-值对的例子。

6. 找出一个你认为难以使用的具有固定输入格式的程序，修改它让它读取名字-值对。直接修改程序容易些还是为已有的程序写一个新的前端程序容易些？

7. 举例说明下述一般原则：程序输出应当与输入相适应。例如，如果一个程序希望数据以格式"06/31/88"来输入，那么就不应该像下面这样输出：

```
Enter date (default 31 June 1988):
```

8. 文中概述了如何对一个排序算法做实验。然而，通常情况下，实验都是成组进行的，并且会有计划地设置不同的参数。构造一个生成程序，将描述

```
n          [100 300 1000 3000  10000]
input      [random identical sorted]
alg        quicksort
cutoff     [5 10 20 40]
partition  median-of-3
```

转换成 $5 \times 3 \times 4 = 60$ 种不同的描述，方括号列出的每一项都在乘积中被展开。怎样在语言中加入更复杂的迭代项，比如 [from 10 to 130 by 20]？

9. 如何使用Awk的关联数组实现名字-值对？

第二部分　实用技巧

献血时有一个技巧。通常在把大针头扎入你的胳膊之前，护士会先扎破你手指取几滴血。有些不动脑筋的护士就会刺破你食指的指头肚，那正是这个最常用手指的最敏感部位。其实，较好的做法是刺破一个不常用手指（无名指）的不太敏感的部位，比如从指甲到指头肚一半距离的侧面。这个技巧可以让献血者更好受些。请把这个技巧告诉你的朋友。

这几章描述程序员工作中的一些类似的技巧。第 5 章讲述找出困难问题的简单解法，第 6 章是一组经验法则，第 7 章描述在计算中有用的速算，第 8 章是关于管理大型软件项目的，其窍门在于要让处在第一线的程序员从老板的角度来看待问题。

这里你看不到很多的代码和数学知识。这几章讲的技巧比从无名指侧面取血样高明不了多少。好就好在，这些技巧同样有用，并且不难应用。

第 5 章发表在 1986 年 2 月的《ACM 通讯》上，第 6 章发表于 1986 年 3 月，第 7 章发表于 1985 年 9 月，第 8 章发表于 1987 年 12 月。

本部分内容

第 5 章

劈开戈尔迪之结

戈尔迪打了那个著名的结[1]，并许诺把整个亚洲奖给能解开这个结的人。几百年来这个结纹丝不动，直到公元前333年亚历山大大帝来了。他没有重蹈覆辙，而是拔出剑来，将结一劈两半，他随即征服了亚洲。从那时起，"劈开戈尔迪之结"意味着为复杂问题找出聪明的解法。

用现代的话说，亚历山大找到了捷径。本章讨论编程中的捷径。

关于真实性的一点说明：本章的各种奇闻轶事都是真的，只在幽默程度上略有夸张（我希望大家能看出来），为了保护当事人，隐去了一些真实姓名。[2]

5.1 小测验

这个小测验描述了来自真实系统的3个经典问题：分类、数据传输和随机数。你可能知道一些经典解法，不过在看下一节的解答之前，试试看能不能找出更漂亮的解法。

问题1——分类。《科学美国人》杂志社的发行部每天收到数千封来信。绝大部分来信归入以下几类：付账、续订、对直邮促销的回复等。信件在数据录入员处理之前必须分类。请描述一下邮件分类方案。

问题2——数据传输。1981年，洛克希德公司在加利福尼亚州桑尼维尔市的工厂的一群工程师就遇到了这个问题。他们每天要把10几张由计算机辅助设计（CAD）系统生成的图纸从工厂送到40公里外位于圣克鲁斯市附近的山里的测试站去。叫汽车快

---

① 在古希腊神话中，能解开戈尔迪之结者就可以当亚细亚之王，后来此结被亚历山大大大帝解开。

② 本章中部分案例和习题也散见于《编程珠玑》一书中。——编者注

递服务每天跑单程要花一个小时的时间（由于交通阻塞和山路崎岖），花费100美元。请提出几种不同的数据传输方案，并估计每一种方案的费用。

问题3——随机取样。在民意调查公司取样过程中，有一个步骤要从一个打印的区域表里抽一个随机子集。手工处理要花上一小时来查随机数表，十分乏味。一个聪明的雇员建议，给程序输入N个区域的名称（通常有数百个）和一个整数M（通常是几十），由程序输出随机选择的M个区域的列表。有没有更好的解法？

5.2　解答

本节标题为"解答"，看起来好像我认为自己知道标准答案。这里的答案应该不错，但是如果有其他更好的解答，我也不会感到意外。

解答1。雇员可以手工把每封信分拣到几个箱子中，自动化处理则可以用信件处理机来做这个工作。这两种解决方案都花费很大，所以杂志社让邮局来做这个工作。他们在邮局为每一类信件申请了一个不同的信箱号，结果信件按照分类成捆地送到杂志社来。每个信箱一年只花费一百美元左右，几个信箱的费用总和远远低于雇员一年的薪水。

解答2。洛克希德的小组起初考虑用现成的微波链路在两个站点之间传送数据，但是这样在测试站生成图纸却需要一台昂贵的打印机。他们最终的解决方案是：在主厂绘制图纸并拍照，然后把35毫米胶片用信鸽送到测试站，在那儿进行放大并用现成的缩微胶片阅读机打印出来。信鸽只花费汽车的一半时间和不到百分之一的费用（理论上只要给鸟儿喂食就行了）。16个月过去了，这些信鸽传递了几百卷胶片，只丢失了两卷（由于这一区域有鹰出没，没有让信鸽传送机密数据）。

解答3。让一个人输入几百个地名，结果计算机却忽略掉其中的绝大部分，这很不人道。于是我编写了一个程序，用户输入两个整数M和N，程序打印出从1到N范围内的M个排好序的随机数。比如说，如果$M = 5$且$N = 100$，输出列表可能是这样的：

```
6  8  47  66  80
```

然后用户在100个地区的列表中，数出第6、8、47、66和80个地区并标记为选中。这样的十来行程序很容易编写，调查员争相使用。在第13章中将见到类似功能的程序。

当我在西点军校讲起这个问题时，一个军校生提出了更好的办法。要抽取M个地区，只要复印地区列表，用裁纸机把复印件切成等长的纸条，在大纸袋里摇匀纸条，然后抽出M个纸条。这个解法实现起来很快，只要袋子摇得足够好，结果就足够随机。

5.3 提示

对于前面小测验中的每个问题，只要一点简单的洞察力就能化难为易。为遇到的困难问题寻找简明解法时，可以从下面几个角度思考。

什么是用户真正的需求。一个运筹学者接到任务，设计某座大楼的电梯调度策略，使乘客等待时间最短。在走访了这座大楼之后，他认识到雇主真正想要解决的问题，是尽量减少乘客的不适（乘客不喜欢等电梯）。他这样解决问题：在每部电梯附近装上几面镜子。乘客在等电梯时，可以自我欣赏一下，对电梯速度的抱怨就大幅减少了。他发现了用户真正的需求。

这个技巧略加改变，常常可以用来把速度慢的程序变成让用户还可以接受。我曾经写过一个微机程序，要花两个小时处理1 000条记录，所以在处理每条记录时都打印一条消息，比如：

```
Processing record 597 of 985
```

由于每条记录花费的时间差不多，用户可以相应地安排自己的时间。我相信，这样一个程序比速度快一倍却不告诉用户什么时候结束的程序更令用户觉得舒服。用户要求可预测性甚于要求速度。

一次我劝说一家公司，把陈旧的7×9点阵打印机换成漂亮的菊轮式打印机。那家公司立即拒绝了我的建议，说目前打印机的输出能清晰地体现"计算机"的权威感，而新打印机那种美观的输出看起来像是某个人打出来的。用户要的是权威感，而不是美感。出于类似的动机，有些编译器报告"this program contains 1 errors"以提醒用户：计算机是很笨的[①]。

知道了用户的真正需求，并不总能把事情变得更容易。如果需求说明是要确保：

$$X[1] \leqslant X[2] \leqslant X[3] \leqslant \cdots \leqslant X[N]$$

你可以使用简单程序

```
for I := 1 to N do X[I] := I
```

或者更加简洁的代码

```
N := 0
```

如果你知道用户真正的需求是给数组排序，那这两个程序基本没有什么用处。

---

① 正确的英文应当是"1 error"（单数词尾），而不是"1 errors"（复数词尾）。——译者注

　　成本与收益。 在采纳一个解决方案之前，要了解其成本与收益。如果一个程序被很多人频繁使用，那么程序员值得花时间来编写出色的文档；如果这个程序只运行一次，这么做就得不偿失了。很多看似值得做的工作也并不总是值得去做：让一位小说家为购物清单而字斟句酌就是愚蠢的。

　　大多数问题都有不少潜在的解决方案。举个例子，就说汽车交通事故伤人的问题。我们可以用很多方法避免事故的发生，比如驾驶培训、严格限速、严惩酒后驾车以及建立良好的公共交通环境。万一事故真的发生了，我们还可以通过设计乘客隔间、系安全带、装备气囊等方式减少伤者。万一真的有伤者，我们还可以通过现场急救、直升机救护、急救中心以及外科手术等方法减轻伤者的伤势。我们应该统筹其中所有方案的成本与收益，而不是把过多的资金花费在某个解决方案上。

　　别把问题弄得太复杂。 有这样一个经典问题：如何使用气压计测量大楼的高度。答案可能有很多，你可以选择从楼顶把气压计扔下来并测定其下落的时间，还可以用这个气压计贿赂管理员来看大厦的图纸。把这个问题改成一个现代版：如何用一台个人电脑来弥补账户的亏空？一个直截了当的解决方案就是卖掉电脑，然后把钱存进账户。

　　Peter Denning[①]认为许多计算机处理的任务手动解决起来更简单："当我要查找自己的日程约会的时候，看墙上的挂历比打开电脑、插入软盘、读取档案、启动日历程序快多了。对于管理卷宗也有类似的问题。作为期刊主编，我个人使用的论文资料管理系统无非是一个文件柜和简单的活页本。有了这些，我可以迅速地找到各种论文、审稿人以及修订等的最新消息。这些比我见到过的那些其他编辑所使用的任何计算机系统都更加有效。把我的东西放到计算机上面只能使它变慢。没有电脑，我可以更快地解决我的问题。"

　　计算机为许多困难的问题提供了卓越的解决方案，然而计算机绝不是万能的。聪明的程序员总是把剑放在家里，用信鸽、邮局、纸袋或活页本来劈开戈尔迪之结。

　　别把问题想得太简单。 在Polya的大作 *How to Solve It*[②]中，他指出"更一般的问题可能更容易处理"，他把这种现象称作发明家悖论。我们可以写一个程序来排列从 A 到 G 的几个变量值，使得

$$A \leqslant B \leqslant C \leqslant D \leqslant E \leqslant F \leqslant G$$

---

① Peter Denning（1942—），著名计算机科学家，在操作系统领域成就颇丰。曾担任ACM主席以及许多ACM期刊的主编。——编者注

② 该书中译版已由上海科技教育出版社出版，中文书名《怎样解题》。——编者注

然而把这几个变量复制到一个数组*X*中并调用一个通用的排序程序，再把值复制回来则更简单。

用正确的方法使用正确的工具。当一个男人抱怨说自己刚花了半个小时来写一个给送奶工的便条时，他的妻子建议他下次事先写好便条再放进牛奶瓶里。UNIX程序tr会将输入文件中的某些特定字符全部替换为另外一些字符，并复制到其输出中。一个同事发现下面这样一个程序将花费我们系统大量的时间。

```
tr a A <input >temp1
tr b B <temp1 >temp2
tr c C <temp2 >temp1
   ...
tr z Z <temp1 >output
remove temp1 temp2
```

程序员其实是想把所有的小写字母都转换成大写字母。最后他终于用下面的命令更简单更有效地完成了自己的工作。

```
tr a-z A-Z <input >output
```

如果一个程序看上去过于笨拙，那么请尝试更简单的解决方案。

你拿什么奖赏我？辉煌通常是一种个体行为，而不可思议的愚蠢却往往来源于某个组织的行为。一个很火的西部题材小说作家曾坦言说，由于过去他的稿费是按照字数付的，小说的主人公总是要中上六颗子弹才死。如果程序员也按照程序的行数来拿工资的话，你认为把数组*X*[1..1000]初始化为零的程序要怎么写呢？（提示：如果按照对程序的改进加速来给程序员付工资的话，那程序员就会在一开始写出尽可能慢的程序；如果要求测试时执行的分支达到一定的百分比，则程序中会有相当一部分在执行if true then...之类的语句。）

我有一个在大公司里工作的程序员朋友，他刚刚使某程序节省了25%的运行时间，欣喜若狂。本来这个程序每天都要在超级计算机上面运行两个小时，他改了其中差不多10行代码，就使得程序减少了半个小时的运行时间，从而每天节省了数百美元。他兴冲冲地跑去计算中心告诉大家这个好消息，说他们最大的计算引擎上面每天多出了额外的半个小时时间。然而出乎意料的是，他看到了一群垂头丧气的人。由于公司的内部账务制度，这一改变导致计算中心每年损失大约100 000美元。这个公司自身的组织制度就不鼓励有效利用这数百万美元的设备。

我们一直都是这么干的。20年来，一家工厂坚持在它的畅销产品调速轮上面打一个小孔。钻这个孔要花不少钱，于是工程师们开始寻找更便宜的打孔方法。后来工程小组问为什么调速轮上面要有一个孔，却得到了一个模板式的回答："一直都是那样的。"小组成员显然不肯接受这种答案。最终他们发现这个调速轮的早期设计原型的质心略有些不平衡，所以设计者在偏重的一面打了一个小孔以取得平衡。20年过去了，这一修改反倒使今天的零件不平衡了。工程小组决定齿轮上不打孔，这不仅使其造价更便宜，而且调速轮的性能更好了。

仅凭一句"我们一直都是这么干的"就放弃寻找更好的解决方案，这真让人气馁，然而当管理者因为同样的理由而拒绝你的更好的新方案时，则更让人觉得更糟。（有些公司仍然在用这样的借口来用汇编语言编写大型程序，而拒绝高级程序设计语言。）只能祝愿这些人早日脱离思维定势了，不过不要忘了来自竞争对手的压力。可以用这样一句话解释大学里面存在的官僚作风："我们学院成立了200年，从未在任何事情上做首次尝试。"

从游戏中获益。刚上大一时我学习了二分搜索和汇编语言编程。出于个人兴趣以及进一步学习的目的，我用汇编语言实现了一个通用的二分搜索程序。我后来在数据处理中心做了一份兼职，刚去那几个星期，遇到有一个作业的运行被取消了，因为操作员分析它的运行时间差不多要两个小时。我们发现该程序的大量时间都花费在一个顺序搜索上面，用我的二分搜索程序替换原来的调用后，程序不到十分钟就运行完了。

此后我不止一次地见到今天的某个玩具在下个星期就派上了用场，在下一年就变成了一个产品。1985年9月的《科学美国人》杂志上，Kee Dewdney为我们描述了贝尔实验室的氛围，在那里你很难区分什么是工作，什么是游戏。（我的老板们甚至认为撰写这些文章是一种工作，而对于我来讲，这则是无上的快乐。）举例来说吧，我的一个同事曾经为了画一个机器人向后翻筋斗的图，专门花一个星期开发了一套彩色图形系统。几个月后，一位化学家用这套系统为大家展示分子结构。那些组成机器人身体的金属球变成了分子中的原子。花几分钟考虑把现有的工具应用于新的任务是很值得的，或许就能省去了重新构造系统的成本。

5.4　原理

本章中的故事大多遵循同样的情节：主人公总是很懒惰，不肯用难的方法解决问题，最终找到了一种简单的方案。Robert Martin[1]说得好："去对付问题，而不是对付程序。"

---

[1] Robert Martin，著名软件工程师和技术顾问。ObjectMentor公司创始人和总裁。曾任*C++ Report*杂志的主编。撰写了名著《敏捷软件开发：原则、模式与实践》（有Java及C#版，人民邮电出版社，2010）。——编者注

5.5　习题

1. 曾经有人要我写一个程序，把一个特定的数据集从一台个人电脑传送到另外一台体系结构迥异的个人电脑。通过几次提问，我了解到要传输的文件只有400条记录，每条记录有20位数字。要是你会怎么办呢？

2. 一位新研究员向托马斯·爱迪生报到，爱迪生请他计算一下灯泡的体积。经过数个小时的测量和计算，新研究员回来报告说灯泡的体积大概是150立方厘米。不到一分钟爱迪生就计算得出了"更接近155"的结论。爱迪生是怎么做到的？

3. 为了组织一次实验，一位心理学家需要产生3个观察者和3种压力级别（高、中、低）的随机排列。经过讨论，我们一致认为程序的输出应该是下面的形式：

```
1  3L  2M  1H
2  3H  1M  2L
3  1L  2H  3M
4  1M  2L  3H
   ...
```

第一行描述1号主题，首先被轻度压力状态的3号观察者看到，然后是中度压力的2号观察者，最后是高度压力状态下的1号观察者。

我一看到这个题目就迅速地草拟了一个程序。一个6个元素的数组包含了{1, 2, 3}的全部排列，另外的一个6元素数组则包含了{L, M, H}的全部排列。程序随机地从二者中各抽一个，然后把它们拼接起来并打印。如果是你，你会如何生成这些随机排列呢？（提示：我们通常用什么方法从6个对象中随机生成一个？）

4. 下列代码在数组X[1..N]中寻找与点B最接近的点：

```
BestDist := Infinity
for I := 1 to N do
    ThisDist := sqrt((A[I].X - P.X)**2 + (A[I].Y - P.Y) **2)
    if ThisDist < BestDist then
        BestDist := ThisDist
        BestPoint := I
```

7.2节的统计表明，sqrt子程序是整个程序的时间瓶颈。请找到一种令代码运行更快的方法。

5. 请评价下面例子中解决问题的方法。

a. 两个人被一只熊追赶，甲停下来穿上跑鞋。"你这个笨蛋，"乙说，"你不可能跑过熊的。"甲回答："我不需要跑过熊，只要能跑过你就行了。"

b. 问题：你被熊追赶的话会怎么办？假定你不知道那是只黑熊还是灰熊。

解答：爬上树。如果那是只黑熊，它会跟在你后面爬上去；如果那是只灰熊，它会把树击倒，然后追你。

5.6 深入阅读

在众多讨论问题解决方案的书中，我最喜欢James L. Adams的*Conceptual Blockbusting*一书（第2版由Norton在1979年出版）。Adams把概念屏障定义为"阻止问题求解者正确认识问题或构思解决方案的精神壁垒"。他精彩的著作鼓励你去打破这个屏障。

这些书籍中存在的一个问题是，笼统的问题太多，导致与具体的技术领域相分离，从而变得"仅仅就是一个谜题"。我尝试在我的《编程珠玑》（Addison-Wesley出版社1986年出版）一书中改变这一现象。该书把编程细节交织在那些为重大、困难的问题寻求简单的解决方案的故事里。请特别注意以下索引项：常识（common sense）、概念壁垒（conceptual blocks）、优雅（elegance）、工程技术（engineering techniques）、洞察力（insight）、发明家悖论（Inventor's Paradox）、问题定义（problem definition）和简单性（simplicity）。

5.7 调试（边栏）[①]

程序员都知道，调试是很困难的。所幸困难的调试问题往往有简单的解决方案。从设计清理小错误的测试到修补不能正常工作的程序片段，都可以算作是调试。我们关注的只是这个问题的一小部分：当我们观察到程序古怪的行为时，如何确定引发问题的根源？

好的调试者总能让调试工作看起来很简单。郁闷的程序员追踪了几个小时也未能找到来源的一个错误，编程大师只消问上他们三四个问题，不过三分钟就会把光标定位在错误的代码上。调试专家坚信，一个问题无论看起来多么神秘诡异，却总是可以从逻辑上来挖掘的。

[①] 边栏是《ACM通讯》中游离于专栏正文之外的部分，通常被排版在页面边上的一条里。它们本质上并非专栏的一部分，只是提供对于材料的一些观点。在本书中，它们作为各章的最后一节出现，用（边栏）来标记。

　　我们用IBM Yorktown Heights研究中心的一个故事来解释这种观点吧。一个程序员刚刚安装了一台新的计算机终端。当他坐在椅子上的时候，系统一切正常，而站起来的时候，就无论如何也没办法登录系统。这一现象是百分之百可以重现的：他站起来就铁定登不进系统，坐下了就铁定能行。

　　我们听到这个故事的时候，无不感到惊异：这见鬼的终端怎么可能知道这个可怜的孩子到底是坐着还是站着呢？然而，优秀的调试者知道，这其中一定有原因。我们很容易想到用电学理论进行假设：地毯下面有一条线路松动了，抑或是有静电感应？然而这些电磁问题很少能够百分之百地与实际情况相吻合。一个机敏的IBM员工终于问到了一个重要的问题：这位程序员坐着和站着的时候到底都是怎么登录的呢？能不能为我们现场表演一下？原来问题出在终端的键盘上：键盘上两个键帽的位置颠倒了。当这位程序员坐下的时候，他是盲打的，根本就没有注意到这个问题。而他一站起来就受了这个错误的误导。

　　在芝加哥的一次ACM分会会议上，我听到了这样一个故事。有一个已经用了很长时间的APL编写的银行系统，当人们第一次用它来处理一些国外的数据时，系统莫名其妙地退出了。程序员们花了好多天查找源码，但却找不到任何一条可以导致退出程序并返回操作系统的错误指令。深入地考察这个问题后，他们发现这个问题发生在程序处理厄瓜多尔的数据时：用户输入其首都基多（Quito[①]），程序自动识别该指令为退出请求，就此退出程序！

　　在上面两个案例中，正确的问题把聪明的程序员引向了程序错误的所在：“你在站着输入和坐着输入时做的有什么不同吗？我能看看你都是怎么做的吗？”“在程序退出之前，你到底输入了什么？”

　　我看过的最好的讲调试的书就是Berton Roueché编写的两卷 *The Medical Detectives*。第一卷是1982年Washington Square出版社出版的平装本，第二卷则是在1986年出版的。书中的主人公在复杂的系统中寻找问题，这些系统可以是略微有点问题的人也可以是问题严重的城市。他们用于解决问题的方法都可以直接应用于计算机系统调试。这些真实的故事就和小说一样吸引人。

---

① Quito的前4个字母Quit对应的英文意为“退出”。

第 **6** 章

计算机科学箴言集

程序员常常需要转换时间单位。比如说，一个程序每秒钟能处理100条记录，那它处理一百万条记录要多少时间？用除法一算，我们就知道要花10 000秒，按每小时3 600秒计算，差不多3个小时。

然而一年又有多少秒呢？如果我直接告诉你，一共有3.155×10^7秒，你可能很快就忘了。事实上，要记住这个很简单，在误差不超过0.5%的约束下：

> π秒就是一个纳世纪。
>
> ——Tom Duff，贝尔实验室

所以，如果你的程序要运行10^7秒，你就要准备等上4个月。

1985年2月的《ACM通讯》曾向读者征集与计算有关的一句话箴言。读者来稿中有一些是没有争议的，比如Duff法则就是一种很方便的记忆常数的方法。而下面这个关于程序测试方法的法则中的数字则不那么绝对了（回归测试方法保存老版本的输入/输出数据，以确保新版本程序能得出同样的输出）。

> 回归测试能将测试区间减半。
>
> ——Larry Bernstein，贝尔通信研究院

Bernstein的观点中所说的数可能是30%也可能是70%，然而可以确定的是，这些测试节约了开发时间。

不怎么定量的忠告也存在问题。相信大家都会同意

> 小别胜新婚。
>
> ——佚名

但也说

> 眼不见，心不烦。
>
> ——佚名

最后这句话对每个人都适用，对这些话本身则不适用。本章中的很多箴言也存在类似的矛盾。尽管每句话都有真理存焉，我们还是应该有所保留地看待它们。

关于这些箴言的出处，我不得不声明一下。箴言下的名字基本上都是最早把这句话发给我的人，即使事实上这句话可能出自于他们的堂兄弟。在一些地方我列出了更早的参考文献以及作者的单位（1985年9月时的情况，那正是本章内容最初发表的时候）。我知道我这样做对不起那些最早说出这句话的人，我只能用下面这句话表达遗憾了：

> 剽窃即是最诚恳的恭维。
>
> ——佚名

闲话不说了，我直接把这些箴言分成几个大类，依次列出来。

6.1　编码

> 如果还没想清楚，就用蛮力算法吧。
>
> ——Ken Thompson，贝尔实验室

> 不要使用反正弦和反余弦函数——你总能用优美的恒等式，或者是计算向量点积来更好地解决这些问题。
>
> ——Jim Conyngham，Arvin/Calspan高级技术中心

> 在存储日期中的年份的时候，请使用四位数字：千禧年快要到了。
>
> ——David Martin，宾夕法尼亚州诺里斯敦

> 避免不对称结构。
>
> ——Andy Huber，Data General公司

> 代码写得越急，程序跑得越慢。
>
> ——Roy Carlson，威斯康星大学

> 你用英语都写不出来的东西就别指望用代码写了。
>
> ——Peter Halpern，纽约州布鲁克林

注意细节。

　　　　　　　　　　　　　　　——Peter Weinberger，贝尔实验室

如果代码和注释不一致，那很可能两者都错了。

　　　　　　　　　　　　　　　——Norm Schryer，贝尔实验室

如果你发现特殊情况太多，那你肯定是用错方法了。

　　　　　　　　——Craig Zerouni，Computer FX公司（英国伦敦）

先把数据结构搞清楚，程序的其余部分自现。

　　　　　　　　　　　　　　　——David Jones，荷兰阿森

6.2　用户界面

【最小惊异原则】尽可能让用户界面风格一致和可预测。

　　　　　　　　　　　　　　　　　　——几位读者提出

计算机生成的输入通常会让一个原本设计接受手工输入的程序不堪重负。

　　　　　　　　　　　　　——Dennis Ritchie，贝尔实验室

手工填写的表单中有20%都包含坏数据。

　　　　　　　　　　　　　——Vic Vyssotsky，贝尔实验室

80%的表单会要你回答没有必要的问题。

　　　　　　　　　　　　　——Mike Garey，贝尔实验室

不要让用户提供那些系统已经知道的信息。

　　　　　　　　　　　——Rick Lemons，Cardinal数据系统公司

所有数据集的80%中，有95%的信息量都可以用清晰的图表示。

　　　　　　　　　　　——William S. Cleveland，贝尔实验室

6.3　调试

在我所有的程序错误中，80%是语法错误。剩下的20%里，80%是简单的逻辑错误。在剩下的4%里，80%是指针错误。只有余下的0.8%才是困难的问题。

——Marc Donner，IBM沃森研究中心

在系统测试阶段找出并修正错误，要比开发者自己完成这一工作多付出2倍的努力。而当系统已经交付使用之后找出并修正一个错误，要比系统测试阶段多付出9倍的努力。因此，请坚持让开发者进行单元测试吧。

——Larry Bernstein，贝尔通信研究院

不要站着调试程序。那会使得你的耐心减半，你需要的是全神贯注。

——Dave Storer，艾奥瓦州锡达拉皮兹

别在注释里陷得太深——注释很可能会误导你的，你要调试的只是代码。

——Dave Storer，艾奥瓦州锡达拉皮兹

测试只能证明程序有错误，而不能证明程序没有错误。

——Edsger W. Dijkstra，得克萨斯大学

新系统的每一个新用户都可能发现一类新的错误。

——Brian Kernighan，贝尔实验室

东西没坏，就别乱修。

——罗纳德·里根，加州圣巴巴拉

【维护者箴言】如果我们没能力修好它，我们就会告诉你它根本就没坏。

——Walt Weir，美国陆军中校

修正程序错误的第一步是要先重现这个错误。

——Tom Duff，贝尔实验室

6.4 性能

【程序优化第一法则】不要优化。

【程序优化第二法则——仅对专家适用】还是不要优化。

> ——Michael Jackson，Michael Jackson系统公司

对于那些快速算法，我们总是可以拿一些速度差不多但是更容易理解的算法来替代它们。

> ——Douglas W. Jones，艾奥瓦大学

在一些机器上，间接寻址比基址寻址要慢，所以请把结构体或记录中最常用的成员放在最前面。

> ——Mike Morton，马萨诸塞州波士顿

在一个非I/O密集型的程序中，超过一半的运行时间是花在不足4%的代码上的。

> ——Don Knuth，斯坦福大学

在优化一个程序之前，请先用性能监视工具找到程序的"热点"。

> ——Mike Morton，马萨诸塞州波士顿

【代码规模守恒定律】当你为了加速，把一页代码变成几条简单的指令时，请不要忘了增加注释，以使源码的行数保持为一个常量。

> ——Mike Morton，马萨诸塞州波士顿

如果程序员自己模拟实现一个构造比编译器本身实现那个构造还要快，那编译器的作者也太失败了。

> ——Guy L. Steele, Jr.，Tartan实验室

要加速一个I/O密集型的程序，请首先考虑所有的I/O。消除那些不必要的或冗余的I/O，并使余下的部分尽可能地快。

> ——David Martin，宾夕法尼亚州诺里斯敦

最快的I/O就是不I/O。

——Nils-Peter Nelson，贝尔实验室

那些最便宜、最快而且可靠性最高的计算机组件压根儿就不存在。

——Gordon Bell，Encore计算机公司

大多数的汇编语言都有循环操作，用一条机器指令进行一次比较并分支；尽管这条指令是为循环设计的，但在做普通的比较时往往也能派上用场，而且很有效。

——Guy L. Steele, Jr.，Tartan实验室

【编译器作者箴言——优化步骤】把一个本来就错了的程序变得更糟绝不是你的错。

——Bill McKeeman，王安公司

电每纳秒传播一英尺。

——Grace Murray Hopper，美国海军准将

Lisp程序员知道所有东西的值，却不知道那些东西的计算成本。

——Alan Perlis，耶鲁大学

6.5　文档

【否定测试】如果一句话反过来就必然不成立，那就根本没必要把这句话放进文档。

——Bob Martin，AT&T公司

当你试图解释一条命令、一个语言特性或是一种硬件的时候，请首先说明它要解决什么问题。

——David Martin，宾夕法尼亚州诺里斯敦

【一页原则】一个{规格说明、设计、过程、测试计划}如果不能在一页

8.5英寸×11英寸的纸①上写明白，那么这个东西别人就没办法理解。

——Mark Ardis，王安公司

纸上的工作没结束，整个工作也就还没结束。

——佚名

6.6 软件管理

系统的结构反映出构建该系统的组织的结构。

——Richard E. Fairley，王安公司

别坚持做那些没用的事。

——佚名

【90-90法则】前90%的代码占用了90%的预定开发时间，余下的10%代码又花费了90%的预定开发时间②。

——Tom Cargill，贝尔实验室

只有不到10%的代码用于完成这个程序表面上的目的，余下的都在处理输入输出、数据验证、数据结构维护等家务活。

——Mary Shaw，卡内基-梅隆大学

正确的判断来源于经验，然而经验来源于错误的判断。

——Fred Brooks，北卡罗来纳大学

如果有人基本上做出了你想要做的东西，你就没必要自己写一个新程序。就算你非写不可，也请尽可能多地利用现有的代码。

——Richard Hill，惠普公司（瑞士日内瓦）

代码能借用就借用。

——Tom Duff，贝尔实验室

---

① 即216mm×279mm的Letter型纸。——编者注

② 这条著名法则其实是说，由于程序员难以事先预见到困难，所以开发时间经常延长几乎一倍（90%＋90%＝180%），很多软件企业据此制订开发计划，即把合理估计出来的开发时间再加倍。——译者注

与客户保持良好的关系可以使生产率加倍。

——Larry Bernstein，贝尔通信研究院

把一个现有成熟程序转移到一种新语言或者新平台，只需要原来开发的十分之一的时间、人力、成本。

——Douglas W. Jones，艾奥瓦大学

那些用手做就已经很快了的事情，就不要用计算机去做了。

——Richard Hill，惠普公司（瑞士日内瓦）

那些能用计算机迅速解决的问题，就别用手做了。

——Tom Duff，贝尔实验室

我想写的程序不只是程序，而且是会写程序的程序。

——Dick Sites，DEC公司

【Brooks原型定律】计划好抛弃一个原型，这是迟早的事。

——Fred Brooks，北卡罗来纳大学

如果开始就打算抛弃一个原型，那恐怕你得抛弃两个。

——Craig Zerouni，Computer FX公司（英国伦敦）

原型方法可以将系统开发的工作量减少40%。

——Larry Bernstein，贝尔通信研究院

【Thompson望远镜学徒定律】先做一个4英尺镜片的（望远镜），再做一个6英尺镜片的，这比直接做6英尺镜片的更省时间。

——Bill McKeeman，王安公司

拼命干活无法取代理解。

——H. H. Williams，加州奥克兰

做事应该先做最难的部分。如果最难的部分无法做到，那还在简单的部分上浪费时间干吗？一旦困难的地方搞定了，那你就胜利在望了。

做事应该先做最简单的部分。你开始所预想的简单部分，做起来可能是很有难度的。一旦你把简单的部分都做好了，你就可以全力攻克最难的部分了。

——Al Schapira，贝尔实验室

6.7 其他

【Sturgeon定律——在科幻小说和计算机科学中同等适用】毫无疑问，90%的软件都没什么用。这是因为对任何东西而言，其中的90%都是没什么用的。

——Mary Shaw，卡内斯-梅隆大学

对计算机撒谎是要受到惩罚的。

——Perry Farrar，马里兰州

如果不要求系统可靠，它可能做任何事情。

——H. H. Williams，加州奥克兰

一个人的常量是另一个人的变量。

——Susan Gerhart，Microelectronics and Computer Technology公司

一个人的数据就是另一个人的程序。

——Guy L. Steele, Jr.，Tartan实验室

【KISS法则】用最简单、最笨的方法做事[①]。

——佚名

6.8 原理

看到这里，你一定会接受下面这条不错的箴言：

别轻信那些看似聪明的法则。

——Joe Condon，贝尔实验室

---

① 原文为Keep it simple, stupid。——译者注

6.9 习题

尽管本章中对每一条箴言只用了寥寥数语，但其中大多数是可以很大程度上进行扩写的（比如说，可以扩写为一篇本科生的论文，或是一场酒酣之余的高谈阔论）。下面的问题告诉我们应该如何扩展这些箴言。

> 先让程序跑起来，再考虑怎么让程序跑得快。

> ——Bruce Whiteside，*伊利诺伊州伍德里奇*

你们的"作业"就是用类似的方式扩写其他箴言。

1. 用更精确的语言重新表述箴言。上面的实例可以扩写为：

> 在确定程序的正确性之前，请忽略程序的效率。

或是

> 如果程序不能工作，那运行再快也没用；毕竟，一个总是给出错误结论的空程序是根本不花时间的。

2. 举一个小而具体的实例支持你的表述。Kernighan 和 Plauger 在 *Elements of Programming Style* 第7章中列出了从一个程序源码中截出的10行纠结而难以理解的代码。这段绕人的代码节省了一次比较，却引入了一个小错误。通过"浪费"时间进行一次本可以节省的比较，他们把十行晦涩的代码变成了两行一目了然的代码。从这一现实教训中，他们总结出下面这个道理：

> 欲求快，先求对。

3. 寻找这些箴言用于大型程序设计的"实战故事"。

   a. 我很高兴这个箴言对于项目实践有所帮助。比如，1.2节描述的几个例子，对系统所进行的性能监视指向了程序执行的关键点，然后我们可以通过简单调整这些关键点来提高系统性能。

   b. 忽略这些箴言，可能导致灾难性的结果。20世纪60年代初，Vic Vyssotsky修改一个Fortran编译器源码，想让一个原本正确的程序更加快速，却因而引入了一个程序错误。两年过去了，这个程序错误一直没有被发现，因为在100 000次编译中连一次也没有调用这个程序。Vyssotsky花在这次不成熟的优化上面的时间比仅仅浪费时间更加糟糕，因为他使一个原本好好的程序出错了。（不过，这个故事教育了Vyssotsky和贝尔实验室一代又一代程序员。）

4. 请评价这些箴言。哪些是"不变的真理"，哪些在某些情况下会产生误导？有一次我曾经对Tartan实验室的Bill Wulf说起"如果程序不能工作，运行得再快也没有用"这句话，我觉得这个是无可争议的事实。这时他举了一个我们都在用的文档格式化程序的例子。尽管这个程序比其前一版本明显快很多，但在有些时候会慢得难以忍受，比如编译一本书要花上好几个小时。Wulf用下面这个论据赢得了这场论战："正如其他所有大型系统一样，这一程序有10个记录在案的轻微程序错误，而下个月它又将会有10个新的小错误被我们发现。如果给你机会进行选择，你是要解决现在已知的10个小错误，还是让程序快10倍呢？"

6.10　深入阅读

如果你想要更多这样言简意赅的箴言，请看看Tom Parker的 *Rules of Thumb*（Houghton Mifflin，1983）。该书的封面上有如下法则：

> 798. 一个鸵鸟蛋足够作为24人的早餐加午餐。

> 886. 潜水艇能以最高效率在水下行动的条件是：它的长宽比在10~13。

这本书上一共有896条类似的法则。

Butler Lampson发表在 *IEEE Software 1*（1984年1月）上的"Hints for Computer System Design"中有不少非常有用的"经验法则"：

> 把通常情况和最坏情况分开处理。

> 在分配资源的时候，请努力避免引起灾难，而不是妄图获得最优。

Lampson构建了数十套最先进的软硬件系统，他的这些提示总结了自己的经验。

第 *7* 章

粗略估算

每一位程序员都应该对粗略估算不陌生。当你尝试为数据库系统增加一条命令的时候，你可能要进行下面的估算。

❑ 需要多少程序员、多少时间来写这段代码？

❑ 需要增加多少磁盘来存储多出来的数据？

❑ 当前使用的处理器速度是否能够将系统响应时间维持在合理的范围内？

粗略估算在日常生活中也是很有用的：一辆每加仑能跑30英里的汽车比每加仑能跑20英里的汽车贵1 000美元，燃料的节省能否平衡二者的差价？

我第一次向大家介绍这种粗略估算是在1984年2月的《ACM通讯》上。那个专栏发表之后，有不少读者对这一问题进行了更加深入的思考，并回馈给我。本章中，我们将介绍其中的两个：适用于程序员的经验法则以及Little定律（一个简单却极其实用的法则）。不过让我们在深入各种技术细节之前，先来一点心算练习吧。

7.1 头脑热身

有个学生跟我说他的二分搜索子程序花费的时间是$1.83 \log_2 N$，我反问道："1.83是什么单位？"他一会儿抬头望着天花板，一会儿低头盯着地板，思考了好几秒钟："不是微秒就是毫秒——我也不肯定。"

这位同学忽略了这一千倍的差别，整整三个数量级。他不能以自己不关心程序效率之类的理由来推脱这个问题，因为他已经非常认真地计算出了三位有效数字。和其他许多程序员一样，这位可怜的学生染上了Douglas Hofstadter[1]所说的"数值麻木症"：不管是微秒还是毫秒都是小到难以想象的时间单位，费力气区分这两个干啥？本节就提供了不少有针对性的习题，帮助你增强对量级的敏感。

一千倍是不是真的很大呢？"一微年"差不多是32秒，而"一毫年"是8.8小时，我很后悔没让他在这两者中选一个作为自己课后留堂的时间。电传播速度差不多是每纳秒（超级计算机的设计瓶颈）一英尺，它一微秒就可以穿越一栋大厦，一毫秒就可以从纽约跑到华盛顿特区。说起华盛顿，生活在那里的一些人好像总是不记得百万和十亿的差别。

跑得快的选手10秒就能跑100米，平均每秒钟10米。这个速度乘上1 000就比宇宙飞船还快了，而把它除上1 000就比蚂蚁跑得还慢。1 000倍的差别是很大的，不过更大的还在后面。下面的表格列出了速度量级的变化[2]。

米/秒	等价的英制	例子
10^{-11}	1.2英寸/世纪	钟乳石生长
10^{-10}	1.2英寸/十年	慢速大陆漂移
10^{-9}	1.2英寸/年	指甲生长
10^{-8}	1英尺/年	头发生长
10^{-7}	1英尺/月	种子生长
10^{-6}	3.4英寸/天	冰川
10^{-5}	1.4英寸/小时	表的分针
10^{-4}	1.2英尺/小时	胃-肠管道蠕动
10^{-3}	2英寸/分钟	蜗牛
10^{-2}	2英尺/分钟	蚂蚁
10^{-1}	20英尺/分钟	巨龟
1	2.2英里/小时	人类步行
10^{1}	22英里/小时	人类短跑
10^{2}	220英里/小时	螺旋桨飞机
10^{3}	37英里/分钟	最快的喷气式飞机
10^{4}	370英里/分钟	航天飞机
10^{5}	3 700英里/分钟	撞击地球的流星

---

[1] Douglas Hofstadter（1945—），美国学者。他因科普名著《哥德尔·艾舍尔·巴赫》而获得普利策奖。——编者注

[2] 这个表受到了Morrison等人的*Powers of Ten*（科学美国人图书公司1982年出版）的启发。该书的副标题是"一本关于宇宙万物相对大小和再加一个零的效果的书"。该书分42级逐级放大10倍展示了从10^{25}米的视野（我们银河系直径的一万倍）深入到碳原子内部10^{-16}米的场景。

续表

米/秒	等价的英制	例子
10^6	620英里/秒	地球在轨道上运转
10^7	6 200英里/秒	信号从洛杉矶发到卫星再发到纽约
10^8	62 000英里/秒	光速的三分之一

如果我向大家描述一个运动的物体，你应该可以比较准确地估计出物体的速度。无论是空中飞过的火箭，还是从圆木中钻过的海狸，你都应该能从上面表格中的挡位或是挡位之间估计出它的速度来。下一节中，我们将要依据对于计算速度的直觉来进行我们的工作。

7.2 性能的经验法则

我不知道盐有多贵，而且我也不关心这个。因为它实在是太便宜了，以至于我在使用它的时候完全不考虑花费，用光了继续买就是了。大多数程序员对于处理器周期也有类似的感觉，而且理由很充分——它们几乎什么都不消耗。

我想卖盐的公司的主管人员对待这种廉价物应该会有不同的想法。如果每个美国人每年消耗一美元的盐，那就是一个2.5亿美元的市场——如果能把盐的生产成本降低10%，那将会带来一笔巨大的财富。程序员也常常因为类似的理由对于处理器周期采取同样的态度：有些程序需要消耗数十亿的处理器周期。

盐的价格是直接标在其容器上的，而我们怎样确定一行代码的成本呢？为计算机系统的性能定一个指标是一个困难而又重要的任务：10%~20%的出入就是数百万美元。好在如果只要粗略的估计，那问题也并不是那么困难。我们的估计与其"真实的"值可能差上一倍，不过仍然很有用。

现在我就来说说我怎样花费半个小时来估算我所使用的计算机系统（一台运行C语言和UNIX操作系统的VAX-11/750）上面运行程序的成本。（即便你对于CPU时间不感兴趣，你也可能对设计这些简单实验感兴趣。）我从下面的程序开始：

```
n = 1000000;
for (i = 1; i <= n; i++)
    ;
```

UNIX的time命令告诉我们，这个程序运行了6.1秒。因此每个空循环花费了6.1微秒的时间。我的下一个实验引入了整型变量i1、i2和i3：

```
n = 1000000;
```

```
for (i = 1; i <= n; i++)
    i1 = i2 + i3;
```

这个代码花了9.4秒，所以一个整数加法花费了3.3微秒的时间。为了测试函数调用的成本，我又定义了一个函数：

```
int sum2(int a, int b)
{ return a + b; }
```

并在循环中使用赋值i1:= sum2(i2, i3)。这次程序用了39.4秒，所以一个带有两个整型参数的函数调用大概花费30微秒的时间。

不幸的是，即便是这样简单的实验，还是充满了潜在的问题。一次C加法真的是3.3微秒的时间？编译器会不会由于发现了这个相同的加法被不断重复，因此只在循环开始前做一次？如果是这样，是什么问题导致了这3.3微秒的延迟？是因为新的代码在指令缓冲器中对齐方式不同，还是在进行第二个测试时刚好系统繁忙？等等。

为了测试这些设想，几分钟的性能实验延长到了半个小时，不过最终我可以确定自己的估计与真实情况相差不超过一倍。以此为基础，下表中列出了在这一C实现中几种数学运算的时间开销估计。

操作	微秒
整型操作数	
加法	3.3
减法	3.7
乘法	10.6
除法	11.0
浮点操作数	
加法	10.6
减法	10.2
乘法	15.7
除法	15.7
类型转换	
整型到浮点型	8.2
浮点型到整型	11.2
函数	
正弦	790
对数	860
平方根	940

简单总结一下上面表格中的数据：C中的多数算术运算花费10微秒左右的时间。整数加减法比较快（3.5微秒），而浮点乘除法比较慢（16微秒）。但是请注意那些函数！虽然输入这些函数用不了几个字母，但是其执行时间却比其他运算高两个数量级。

在一些性能显得极端重要的特例中，我用两种方式使用上面的数据。总体的趋势可以帮助我进行准确的估计。如果一个子程序进行N^2步，每步由若干算术运算组成，那么N为1 000时，C实现大致要花半分钟。如果这个子程序每天使用一次，我不会担心它的效率问题；如果我计划每几分钟就使用这个子程序一次，我就会不厌其烦地编码并寻找更好的解决办法。

上表同样提示我们注意那些十分耗时的操作。一个精打细算的厨师完全可以忽略盐的价格，如果配料中用到比较贵的鱼子酱的话；C程序员也可以忽略求平方根运算旁边的基本算术运算。不过请注意，不同的系统中相对花费是不同的。在我以前用过的PDP-10 Pascal编译器上，浮点数运算花费2微秒，而求平方根和整数转浮点数操作都要花40微秒。在C里面，一次类型转换花费一次浮点运算的时间，一次平方根运算花费60微秒的时间；而在Pascal当中，两者都花费20微秒的时间。本章后面的习题2希望读者能够估计自己系统上的各种时间花费。

7.3 Little 定律[①]

大多数的估算都遵循这样一个浅显的法则：总花费就等于每个部分的花费再乘以总的部分数。但某些时候我们还需要更深入地了解细节。俄亥俄州立大学的Bruce Weide就一条通用得出奇的规则写下如下文字。

> Denning和Buzen引入的"操作分析"（参见*Computing Surveys*第10卷第3期，1978年11月，第225~261页）比计算机系统队列网络模型更加通用。他们的展示相当精彩，不过由于文章主题的限制，他们并未深入揭示Little定律的通用性。他们的证明方法与队列和计算机系统都没有关系。想象一个任意的、有某些东西进入和离开的系统。Little定律可以表述为"系统中的东西的平均数目等于这些东西离开系统的平均速度乘以每个东西离开系统所花费的平均时间"。（若系统的总体出入流是平衡的，离开速率也就是进入速率。）

> 我在我的计算机体系结构课程中教授这一性能分析方法。不过我尝试强调这一结论是系统论中的一个通用定律，可以被应用于许多不同种类的系统。比如说，你正在排队等待进入一个很受欢迎的夜总会，你可以通过估计人们进入的速率来知道自己还要等待多长时间。应用Little定律，你可以推理："这个地方差不多能容纳60人，平均在里面待的时间是3小时，所以我们以每小时20人的速度进入。而我们前面还有20人，所以我们还要等上1小时。看样

[①] 出自著名MIT管理教授John Little。——编者注

子我们还不如回家看《编程珠玑》呢。"你应该会这样推理。

Peter Denning将这一规则简单地总结为："队列中的平均物件数等于进入速率和平均保存时间的乘积。"他将这一规律应用于他的酒窖："我在地下室里存了150箱酒，我每年要喝掉（并买入）25箱。我保存每一箱的时间有多久？Little定律告诉我们，用25箱/年除150箱，也就是每箱保存6年。"

然后他又把这一定律应用于更加严肃的系统。"可以用Little定律和流平衡的原理推导分时系统中的响应时间公式。设共有N台平均思考时间为Z的终端连接到一台响应时间为R的任意系统中。每一个用户周期都是由终端思考和等待系统响应的阶段组成的，所以整个元系统（包括终端和计算机系统）的响应时间相对于N是固定的。如果切断系统输出到终端的路径，就可以看到一个平均负载为N、平均响应时间为Z+R，而吞吐量为X（即每个时间单位处理的作业数）的元系统。Little定律告诉我们，$N = X \times (Z+R)$，解得$R = N/X-Z$。"

Denning进一步说明："Little定律在'强制流定律'和'实用定律'的加强下会更加有用。我们可以用这样的方法计算下列问题的答案：一个巨大的计算机系统包括大容量的磁盘、高速的处理器、一套机密的操作系统和20个思考时间为20秒的终端。通过观察，它的磁盘每处理一个作业就要处理100个数据请求，而磁盘每秒钟可以处理25个请求。那么系统的吞吐量和响应时间各是多少？（我算了算，应该是每秒钟0.25个作业和60秒。）在流平衡的条件下，这些答案就是精确解，而流平衡是很接近实际情况的。任何配置的任何系统，只要磁盘和终端的参数相同，就必然具有相同的吞吐量和响应时间。惊讶吗？尤其是那些对于系统流和拥塞的基础定律的作用缺乏认识的人，一定会感到吃惊。"

7.4　原理

本章的前3节揭示出了程序员的3大美德：对数值敏感、实验的欲望和良好的数学功底。这就是我们所需要的。

7.5　习题

1. 模仿7.1节的方式列出表格，内容以十倍为尺度，标识时间、重量、距离、面积和体积。

2. 设计一系列实验以度量计算机系统的性能，下面是参数列表：

CPU时间

控制流：for、while、if和子程序调用的负载

算术运算

整数/浮点数：加、减、乘、除

浮点数：平方根、对数、正弦

整数、浮点数之间的类型转换

字符串操作：比较与复制

I/O时间

读/写一个字符、整数。

磁盘访问时间、读取时间。

每次数据库操作的磁盘访问时间。

实用程序

排序内存中的10 000个整数

排序文件中的100 000个20字节的字符串

在文本文件中搜索字符串

一些其他实用参数包括以每秒几行代码度量的编译器速度和一个单字节文件所占用的磁盘空间。

3. 基于数据分析运行时间时，我们总是假定这样一个性能模型，其中变量的访问时间是常数，任何一条指令的执行时间也是该常数时间。请给出一个系统实例，使得这些"看起来很合理"的假设无法成立。

4. 估计你所在城市的死亡率，用总人口的百分比/年表示。

5. [P. J. Denning]写出Little定律的证明。

6. [P. J. Denning]使用Little定律刻画一个作业流过一组服务器网络的过程。

7. [B. W. Weide]想象一队等待接受服务的顾客。在通常的解释中，Little定律把等待服务和接受服务的顾客总数与一个顾客的平均等待时间和服务时间联系起来。顾客的平均排队等待时间和队列中的平均顾客数与这些量各自具有什么关系？

8. [B. W. Weide]许多计算机中心仍然使用巨型机并行处理大量批处理作业。有些还配有显示器以显示等待执行的作业，你可以看到你的作业排在等待队列的什么位置。作业总是需要等待才能执行，因为总是有一大批作业堵在前面（这个是根据Murphy定律，而不是Little定律）。假设一个作业在某机器上需要执行的时间是20秒，该机器一次可能同时执行10个作业。你的作业是100个正在等待执行的作业中的最后一

个，作业以先进先出的次序执行。你大概要等多久才能等到你的作业执行结束？

9. 确定你所在的组织中的各种管理成本。买一本书除了标的定价外，还要花费多少管理成本？叫秘书打一封信呢？建筑面积的成本呢（用美元每平方英尺每年表示）？电话和计算系统的成本又是多少？

7.6　深入阅读

1982年5月的《科学美国人》杂志上，Douglas Hofstadter的"Metamagical Themas：Number numbness, or why innumeracy may be just as dangerous as illiteracy"一文。本文是他的专著*Metamagical Themas*（Basic Books出版社1985年出版）的后记。

7.7　日常速算（边栏）

关于日常生活事件的粗略估算是很好的练习机会，很有趣，有时候还很有用。一位看过本章草稿的读者说起了他几天前去超市的一段经历。他在购物的同时就一直不停地在计算所购物品的总价，他把每一个物品的价格都按与其最接近的整数计，这样算出自己的总花费是70.00美元。当收款员告诉他所购物品的总价是92.00美元时，他很有自信地检查了购物单。收款员果然出错了，她把所购物品中的6个橘子的物品编号（429）错当成了价格（4.29美元），于是就把2.00美元的东西变成了25.00美元。

我被这样一个问题难住过：一个6英尺（1英尺≈0.304 8 m）高的男性的体积是多大？（体积就是指其肉体在自然状态下所占据的立方厘米数，在拥挤的电梯中所占据的立方英尺数则是一个完全不同的问题。）人们通常对这个问题的反应是，这样一个常见男性的体积应该是其6英尺的身高乘以2英尺的宽度，再乘以0.5英尺的厚度，即6 立方英尺。更进一步的估计可以考虑到人类的密度和水相近，差不多都是每立方英尺60磅（1磅≈0.453 6 kg）（大多数人在游泳的时候，吸口气就可以浮起来，呼口气就可以沉下去）。所以一个体重为180磅的人应该有3立方英尺的体积。跟那种把长宽高相乘的方法相比，如果你知道一个人的体重，就可以神奇地直接得出他的体积。

下面给大家留了几个预先准备好的题目，不过请记住，自己发现的题目才是最有趣的。

（1）如果你所居住的城市中的每个居民都向你的起居室里扔一个乒乓球的话，这些乒乓球能堆多高？

（2）在你的组织中，进行一个小时的讲座要花费多少？请同时考虑讲座准备时间和听众所花的时间。

（3）美国人今年花在非酒精饮料上面的钱有多少？雪茄呢？电视游戏呢？空间发展计划呢？

（4）一本书通常有多少字？你一分钟能读多少字？你一分钟能打多少字？

（5）开一辆每公里耗油0.14升的车和一辆每公里耗油0.07升的车一年差多少油钱？车的整个使用寿命里一共差多少？如果美国所有的司机都选用前者或都选用后者，会造成多大差别？

（6）开车一公里的花费是多少？别忘了考虑保险。

（7）购买从地球到月球的一条电话线要花多少钱？

（8）曾经有一条法则说，一个人坐在屋子里对外放射能量的功率是100瓦。那么每天需要摄入多少卡路里才能维持这个放射源？

把本章的最后一点空间留给教师们吧。在7.6节中引用的Hofstadter的论文中，他提到自己在纽约时曾在一次物理课上向学生提问，让他们估计帝国大厦的高度，当时，帝国大厦就矗立在他们的窗外，抬眼就能看到。帝国大厦的实际高度是380 m，然而学生们的答案千奇百怪，从15 m到1 600 m都有。我最近在做"粗略估算"的讲座时，也有差不多的经历。考试中有一道题目，问大学里开设一门一个学期、15名学生的课程要花多少钱。大多数学生给出的答案都不到我所估计的3万美元的30%，但也有高达1亿美元和低至38.05美元的极端答案。

如果你是一名教师，请在课堂上留下10分钟讲讲这个话题，然后再举几个小例子巩固一下。出两道试题来测试教学成果，我猜你收上来的答案一定会很有趣。①

---

① 关于粗略估算，请进一步阅读人民邮电出版社出版的图灵新知系列中的《这也能想到？——巧妙解答无厘头问题》一书。——编者注

第 *8* 章

人员备忘录

一位朋友这样写道：

 我不止一次地听到传闻，说你公开质疑某些开发计划的财政预算和人力规划。今早为了找些别的东西，我又翻出了附在后面的这个备忘录，我发现它能够帮助你弄明白那些开发计划为什么要那样做。这个备忘录是 G. Furbelow 差不多 10 年前所写的，就是那个当时和我、Cadwallader-Cohen 用一间办公室的 G. Furbelow。我把这个备忘录复制了一份给我的老板，他却说这种东西他每天看得多了，不用再看了。

 可能你已经不记得了，THESEUS-II 是为美国国防部开发的一套通信系统，最初是在 1964 年的一次学术界跟工业界的联合研讨会上为国防部提出的。这一系统提供了可以将地球表面上任何两点连接起来的能够快速部署的、牢靠的高容量通信手段，它的通信都基于近地轨道上面的电缆卷筒。举个例子说，如果国防部希望能在桑给巴尔岛和波斯湾之间建立通信，他们将选择一个位置合适的电缆卷筒，并发射连接在电缆一端的制动火箭，这样可以使得电缆自动从卷筒上绕开并再重新进入大气进行铺设，并能在到达地表后固定住。结果是一旦这样部署好了，只有直接命中的核打击才能切断它。不幸的是，开发和测试中的种种问题导致系统交付使用时间一拖再拖，即便是在今天，多数测试中电缆仍无法成功到位。人们相信问题出在系统控制软件上面，只要修正了控制软件中的缺陷，系统就应该能正常工作。

 Furbelow 写那份东西的时候，他的软件工作人员一共有 368 人，相对他们所要完成的任务来说，人手还有些不足。而现在，THESEUS-II 软件工作人员已经有 1 850 人，人们都很乐观，系统很快就能全面进入正常工作的状态了。

81

8.1 备忘录

日期：1978年9月13日
主题：1979年预算
来自：G. Furbelow
留给：J. R. Honcho

我同意你的观点，我把1979年的预算增加到了1978年的229.3%，看上去增幅异常地大，然而这还只是一个保守的预算，除非我们的项目有重大改变，否则是不能削减的。为了弄清楚为什么会出现这样的状况，我将回顾那些导致预算增长的因素。

正如你所回忆的，我们1978年之前的工作量和人力是基本不变的。而今年我们组织在THESEUS-II方面的工作必须迎头赶上，开展那些一缓再缓的维护工作，满足增强系统的要求。出于这一目的，我们把1978年的预算增加了6.8%。我们开始人员方面的计划是在1978年1月1日加入25个新人。不过我们的招聘工作启动过于缓慢，几乎所有的新雇员都是在7月1日到12月31日之间过来的。于是，为了完成我们的工作任务，这25人年的工作量只能在今年的最后几个月里突击完成，这将导致我们的员工数相比1月1日增长19%，我们必须相应地调整预算。

和5月份时候我俩说的一样，我们需要更多的办公空间以安排70个新员工，我们在Smallville为他们租了临时的办公室。我们的组织分作两地办公，于是工作效率有所降低，这是很明显的事实。我左思右想，觉得现在最好的办法就是把我们整个组织都搬去Smallville。这样还可以使我们的租金减少约14%，长期下来可以节省不少。这样在1979年我们必须承担搬迁的费用，必须同时租用两边的空间，必须为那些受到影响的雇员掏安家费，当然也少不了搬运设备、办公室家具之类的费用。这就是我们1979年的管理费用比率从142%变成257%的主要原因。我们管理费比率上升的另外一个重要原因是我们庞大的毕业生学习计划占用了整个人力费用的27%（19%增长加上8%换人所带来的损失）。而且，由于我们的员工中新成员的比例较大，正处于薪资提升的关键点上，我们直接的发薪费用的增长比例比公司费用的增长比例更大。我们预计发薪增长应该在10.5%左右，而公司费用增长为7.2%。

上面这些因素还只是把1979年的预算增加到了1978年的182%，余下部分的增加来自于不可避免的加班和计算机费用。我们估计1979年的总部迁移将引起25%的效率损失；由于毕业生学习计划人员的比例太高，还会引起额外10%的效率损失。为了部分补偿效率损失，我们计划在每星期六安排一个完整的工作日，当然，是要付加班费的。这是一个非常划算的办法，因为这样只是增加了要付的薪资，却不会增加管理费用。

但这也只能补偿损失的一部分，而不是全部。于是我们还必须提供更多的计算能力，通过用计算机代替人力来提高生产率。我们将在Smallville安装计算能力比当前高50%的设备。不幸的是，不到1979年末，我们不能关闭现有的计算设施，所以我们1979年在计算机上的开销将是1978年的2.5倍，而两个计算中心之间的数据链路开销将使我们1979年整个计算中心的开销达到1978年的3.4倍。

考虑到上述各种因素，我们1979年的预算大约将会是1978年的228%，这与我们具体的预算229%基本一致。我必须强调的是，这种预算还不能支持我们接受新的工作，我们甚至不能完成我们现有的工作，因为即便是有了加班、增加计算能力等措施，我们还是不足以补偿我们1979年将面临的效率低下问题。

因此我要不断地强调我们的预算不能低于现在的预计了。事实上最近的调研表明，要完成1979年的工作任务（包括减少积压的维护和提高任务），我们1979年需要在现有预算基础上，再增加25个人和5.7%的预算。与我们1978年被许可的超支范围相比，这并不算多，我强烈推荐将其实施，以避免今后几年的"危机加剧"。不知道在这些问题上，我能否得到您的合作？

G. Furbelow

8.2　原理

我朋友是对的，我忽略了很多大型软件项目可能面临的阻碍。Furbelow的备忘录帮我认识到了软件团队增大的代价是如此高昂。一想到软件经理人桌上堆满的那些可怕的卷宗，我就不寒而栗了。

作为一名程序员，请善待你们可怜的老板。

8.3　深入阅读

软件项目管理方面最经典的参考书莫过于Fred Brooks那本读起来使人兴趣盎然的《人月神话》了，该书由Addison-Wesley出版社在1975年出版。它的前言的最开始是这样一段话："在很多方面，管理大的软件项目和管理其他的大型项目都是相似的——这超出了大多数程序员的想象。"我知道Brooks是对的，不过在听说可怜的Furbelow的故事之前，我还没有意识到这些方面到底有多少。幸运的是，Brooks为软件项目管理中出现的许多问题提供了很好的解决方案。

在这本书的陪伴下，不知道多少程序员度过了一个又一个愉快的夜晚。他们沉醉于其中通俗的文字，却忽略了其中实际材料的价值。如果你也是这样的话，请回去拿好铅笔，重新阅读这本书。

熟悉《人月神话》的人通常还喜欢Brooks的另外一篇文章"No silver bullet"（没有银弹），该文发表在IEEE的*Computer*杂志1987年4月号上，文章的副标题是"Essence and accidents of software engineering"。他把软件工程的本质任务定义为构建复杂的概念结构，而非本质（accidental）任务往往与用语言表达这些结构有关。文章介绍了许多非本质的难题怎样因已取得的进展[①]而获解决，并展望了有望解决那些概念性本质问题的各种技术[②]。

---

① Brooks提到了高级语言、分时技术、统一（即集成）编程环境。——编者注

② 包括高级语言的进展、面向对象编程、人工智能、专家系统、"自动化"编程、图形化（可视化）编程、程序验证、环境与工具、更强大的工作站。——编者注

第三部分　人性化I/O

软件之美有时就体现在表面上。无论你的程序内部如何奇妙，界面设计上的缺陷也会令用户望而却步。这可能比一个用华丽的输入和输出来欺骗用户的赝品程序还要糟糕。在程序员看来，输入和输出可能只是系统的一小部分；但从用户的角度看，界面却是软件的一大块。

以下各章针对输入和输出而写。第 9 章将程序语言的设计原理应用到设计软件界面的小语言上，第 10 章讲述如何设计赏心悦目的文档，第 11 章转向文档设计的一个特殊方面，即数据的图形化展示，第 12 章说明如何用之前三章讲到的技术来实现一个民意调查系统。

I/O 人性化为程序员提供了可以和不同行业的有趣的人进行交流的好理由。以下各章讲述了在工作中我如何与化学家、制图工作者、统计学家和政治学者接触并沟通的。对于像我这样成人后还不能决定自己该干什么的人来说，为何编程是一个理想的工作？这是原因之一。

第 9 章和第 10 章最初发表在 1986 年 8 月和 9 月的《ACM 通讯》上；第 11 章在 1984 年 6 月发表后被重新改写，11.1 节、11.2 节和 11.6 节几乎是全新的内容；第 12 章在本书中第一次出现，其中的一些内容在 1984 年 6 月和 1986 年 8 月曾被发表过。

本部分内容

- 第 9 章　小语言
- 第 10 章　文档设计
- 第 11 章　图形化输出
- 第 12 章　对调查的研究

第 *9* 章

小语言

谈及"语言",多数程序员都会想到大语言,如Fortran、COBOL或Pascal。事实上,语言是用来表达意图的一种机制,许多程序的输入都可以看成是一个语言的语句。本章就是有关那些"小语言"的。

程序员每天都在处理微型语言。比如,考虑用6个字符打印一个浮点数,包括小数点和之后的两位数字。Fortran程序员将格式描述为F6.2;COBOL程序员则直接定义一个999.99,而不会特意为该任务写一个子程序。每一个这样的描述都是一个良好定义的小语言的语句。语言彼此大不相同,但每个语言都有适合自己的问题域。尽管Fortran程序员会抱怨999999.99999过长而F12.5就可以胜任,但却无法用Fortran表达$,$$$,$$9.99这样平常的金融模式。Fortran用于科学计算,而COBOL是为商业而设计的。

当年,真正的程序员都是昂首阔步地走到键盘打孔机前,一直站着打出9张内容如下的卡片:

```
//SUMMARY     JOB     REGION=(100K,50K)
//            EXEC    PGM=SUMMAR
//SYSIN       DD      DSNAME=REP.8601,DISP=OLD,
//                    UNIT=2314,SPACE=(TRK,(1,1,1)),
//                    VOLUME=SER=577632
//SYSOUT      DD      DSNAME=SUM.8601,DISP=(,KEEP),
//                    UNIT=2314,SPACE=(TRK,(1,1,1)),
//                    VOLUME=SER=577632
//SYSABEND    DD      SYSOUT=A
```

今天,自以为了不起的年轻人只需输入下面的代码就能完成这件简单的事情:

```
summarize <jan.report >jan.summary
```

取代这些老式"作业控制"语言的现代语言不但使用起来更加便利,而且功能也更加强大。

　　程序员与语言结伴，但许多程序员却并没有发掘语言的特性。按照语言的特性对程序进行检查，可以帮你更好地理解所使用的语言工具，并教会你为以后的程序设计更优雅的界面。本章将展示如何以小语言来看待几个有趣程序的界面。

　　本章围绕Brian Kernighan的Pic语言[①]进行讨论，该语言用来绘制线条。Pic语言的编译器是在UNIX系统上实现的，该系统特别支持和利用了语言处理。12.2节将展示小语言如何在更原始的计算环境（个人电脑的BASIC环境）下实现。

　　9.1节介绍Pic，9.2节将它与其他系统进行比较，之后各节讨论可以编译成Pic的小语言以及用来创建Pic的小语言。

9.1　Pic 语言

　　谈及编译器，你可能会用下图描述它们的行为：

　　（上图和本书中其他所有插图都是真正的Pic输出，稍后会看到它的输入描述。）

　　一些课本可能会对编译器内部结构增添细节。下图显示了许多常见编译器的结构。

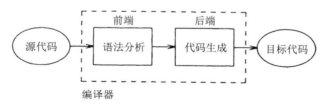

　　这张图也描述了一个画图程序必须执行的两个任务：一个后端程序进行画图，同时一个前端程序翻译用户命令并决定画什么。

　　用户是怎样描述一个图的呢？（宽泛地讲）有三种方式。第一种方式是通过一个

---

① B. W. Kernighan在1982年的*Software—Practice and Experience*第12期第1~21页描述了"PIC——一种图形排版语言"。Kernighan在*PIC—A graphics language for typesetting, Revised user manual*中描述了这个语言的更新版本，这是1984年12月的贝尔实验室计算机科学技术报告116号。

交互式程序让用户在一个手控设备上绘图，第二种则是利用一个子程序库将图片原型加到程序语言的结构体中。这两种方式留到下节再讨论。

第三种描述图的方式是本章的主题——小语言。例如，可以用Kernighan的Pic语言描述第一张图如下：[①]

```
ellipse "Source" "Code"
arrow
box "Compiler"
arrow
ellipse "Object" "Code"
```

输入第一行用来画一个默认大小的椭圆并在其中心位置堆叠两个字符串，第二行画一个指向默认方向（向右）的箭头，第三行画一个文本居中的方框。每个对象背后隐式的动作让画图变得容易，并且在已有的图上添加新对象也很方便。

下面的简图列举了Pic支持的一些其他的可绘图案，包括线、双向箭头和虚框。

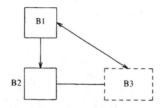

程序通过隐式动作、显式动作以及连接已有对象来完成绘图：

```
boxht = .4; boxwid = .4
down     # set default direction
B1: box "B1"
arrow
B2: box
"B2 " at B2.w rjust
line right .6 from B2.e
B3: box dashed wid .6 "B3"
line <-> from B3.n to B1.e
```

变量boxht和boxwid是方框的默认长与宽，以英寸为单位。这些值也可以在方框定义时显式设置。#号后面的文字是注释，直到行尾。标号B1、B2和B3为对象命名，允许使用更长的名字。方框B2的最西点用B2.w表示，自然也有B2.n以及B2.nw，分别表示最北点和西北角。形如 *string at position* 的语句将一串字符串文本放置在给定位置 *position* 处；rjust表示对字符串进行右对齐（字符串同样可以左对齐放置，也可以放置在above或below位置）。上述图案可以用来绘制下面这个更加细致的编译器。

---

① 图中字符已译为中文。——编者注

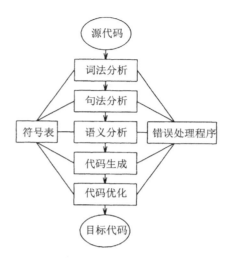

　　一个特殊的编译器将一种源语言翻译成一种目标语言。如何在5台不同的机器上维护5种不同的语言？一种蛮力的方式是，写25个编译器。

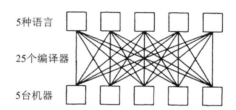

　　中间语言可以巧妙地避免这种复杂性。安装新语言时只需写一个前端，该前端将新语言翻译成中间语言；安装新机器时则用一个后端将中间语言翻译成机器的输出代码。

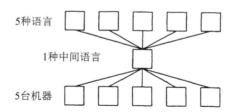

　　如果M台机器上有L种语言，蛮力方式需要建立$L \times M$个不同的编译器，而中间语言只需要L个前端和M个后端。（Pic将其输出编译成排版语言Troff的一个绘图子集，这样就形成了一个便于在终端显示程序、激光打印机、照相排版机等很多输出设备上进行解释的中间语言。）

　　最后一张图用到了两种Pic语言结构：变量和循环。

```
n = 5                                   # number of langs & machines
boxht = boxwid =  .2
h = .3; w = .35                         # height & width for spacing
I: box at w*(n+1)/2,0                   # intermediate language box
for i = 1 to n do {
        box with .s at i*w, h           # language box
        line from last box.s to I.n
        box with .n at i*w, -h          # machine box
        line from last box.n to I.s
}
"1 intermediate language  " at I.w rjust
"5 languages  " at 2nd box .w rjust
"5 machines  " at 3rd box w rjust
```

蛮力方式的图用一个简单循环绘制方框,再用两层嵌套循环绘制方框对之间的互连。

本节的例子应该让你对Pic的结构有了一些认识,但这仅仅暗示了Pic的功能。Pic还有其他许多使用方法没有提到,比如内建函数、if语句、宏处理、文件包含和简单块结构。

9.2 视角

本节考察图片绘制程序的其他几种方式,并将它们与Pic进行比较。尽管只针对图片,但同样适用于很多程序的用户界面设计。

使用交互式绘图程序,用户可以通过像鼠标或绘图板这样的现实中的输入设备输入图片,并按其绘制的样式对图片进行显示。多数交互式绘图系统都有一个菜单,其中包括方框、椭圆和不同样式的线条(垂直线、水平线、虚线等)选项。由于能够及时反馈,这样的系统可以方便地绘制许多简单图片,但绘制下面这样的图片就需要一定的画工和耐心了。

Pic的编程结构可以很容易地完成该图的绘制:

```
pi = 3.14159; n = 10; r =  .4
s = 2*pi/n
for i = 1 to n-1 do {
```

```
for j = i+1 to n do {
    line from r*cos(s*i), r*sin(s*i)\
        to    r*cos(s*j), r*sin(s*j)
    }
}
```

（行末的反斜杠符号\允许该行语句延续到下一行。）

虽然有这些便利的特性，不过简洁性①不是要求变量和for循环严格地属于一个完整的编程语言吗？别担心，只需一个子程序库就能解决，该子程序库把图片增加到给定语言支持的程序原型中。给定一个子程序line(x1,y1,x2,y2)，可以很容易地用Pascal绘制上一张图：

```
pi := 3.14159; n := 10; r := 0.4;
s := 2*pi/n;
for i := 1 to n-1 do
    for j  := i+1 to n do
        line (r*cos(s*i), r*sin(s*i),
            r*cos(s*j), r*sin(s*j)  );
```

但是，要想绘制图

我们必须编写、编译、执行、调试一个包含如下形式的子程序调用的程序：

```
ellipse(0.3,  0,  0.6,  0.4)
text(0.3, 0,  "Input")
arrow(0.75, 0, 0.3, 0)
box(1.2, 0, 0.6, 0.4)
text(1.2, 0, "Processor")
arrow(1.65, 0, 0.3, 0)
ellipse(2.1, 0, 0.6, 0.4)
text(2.1,  0,  "Output")
```

即便这样的代码对一些非程序员来说也是太难了，比如专业打字员或软件管理员可能会觉得Pic更方便。上面代码中每个子程序的前两个参数是要绘制对象的中心点，其后的参数给出了对象的宽度和高度，或者给出一个要显示在对象内部的文本串。这些程序是相当基本的，更聪明一点的程序可能会给对象关联一个隐式的动作。

---

① 有客观的证据表明，Pic语言的这些for循环可能并不恰当：它们的语法与UNIX系统中其他的类似循环不同，而且Pic的for循环比其他语言的for循环要慢几个数量级。吹毛求疵的人可能用另一种语言写这些循环，以生成Pic输出。经过利弊权衡，我还是乐于使用Pic的for循环——使用那种结构很容易产生习题中的立体图。

到目前为止，我们只是直观地使用"小语言"这个术语，是时候给出它的一个精确定义了。我将把计算机语言这个术语限制为文本输入，这样就忽略了由光标移动和按键所定义的空间语言和时间语言。

通过计算机语言，可以使用文本来描述一个对象，以便计算机程序进行处理。

被描述的对象可以多种多样，从图片到程序再到纳税申报表都可以。"小"的定义更困难：它可能意味着初学者可以在半小时内学会使用这个系统或用一天时间来掌握该语言，抑或只用几天时间就可以用其实现一些功能。无论何种情况，小语言都特指一个问题域并且不包含常规语言的很多特性。

本书中Pic就是一个小语言，诚然，它是一个规模不小的小语言。Pic的手册和用户指南长达26页（包括50多张示例图片），我用了一个小时才成功创建了自己的第一张图。Kernighan将第一版完成，他忙活了一周才将手写版转成代码。目前版本的Pic大约用了4 000行C代码实现，累计工作量几个月（时间跨度为5年）。尽管Pic具有大语言的很多特性（变量、for语句和标号），但却也缺少很多其他特性（声明、while和case语句，以及分别编译）。我不想再尝试给出小语言的更精确的定义，如果你前面的定义有助于理解程序，那就使用它，否则就忽略好了。

之前我们一共考察了三种描述图片的方式：交互式系统、子程序库和小语言。哪种方式最好呢？这要视情况而定。

绘制简单图片最容易的方式就是交互式系统，但图片量很大时就会很难操控了。（你如何将一个长篇论文中的50个椭圆的长轴均增加0.1英寸（1英寸 ≈ 25.4mm），而短轴均减少0.05英寸？）

如果你的图片由大程序生成，子程序库将是容易而有效的方法。然而，绘制简单图片时子程序库就不够便利了。

小语言是描述许多图片的通常做法，它们可以很容易地集成到文档生成系统中，以使大的文档可以包含图片。这样图片就可以用文件系统和文本编辑器等我们熟悉的工具来管理。

我曾使用过基于上述3种模式的图片绘制程序，每种方式在绘制不同图片时都有其利与弊[1]。

---

[1] 就实现上的困难而言，所有3种方法都有一个前端用于规格说明，一个后端用于绘图。子程序库利用语言的过程机制作为前端，它可以是笨拙的，但它必须是熟悉的、免费的。小语言可以用标准的编译技术作为它们的前端，我们将在9.4节看到这样的工具。由于交互式系统通常涉及实时图形，它们通常是最难实现和最难移植的（通常有两个后端：一个交互式后端显示正在绘制的图形，一个静态后端把完整图形写入文件）。

9.3　Pic 预处理器

小语言的最大优点之一就是一个处理器的输出可以作为另一个处理器的输入。之前我们只把Pic看成一种输入语言,本节将简单考察另外两个用来绘制特定图片类的小语言,它们的编译器以输出的形式生成Pic程序。

我们将从Scatter语言开始,该语言作为Pic的预处理器,根据x、y数据绘制坐标图。Scatter的输出作为Pic的输入,经Pic转换为Troff的文档排版格式。

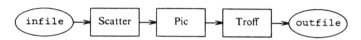

这个结构很容易用UNIX的进程管道实现:

```
scatter infile ¦ pic ¦ troff >outfile
```

(当然,解释这一命令的UNIX Shell是另一个小语言。除了创建管道的|操作符,该语言还包括通常的编程命令,如if、case、for和while。)

Pic是一个规模很大的小语言,而Scatter则规模很小。Scatter的输入命令只有5种。

```
size x 1.8
size y 1.2
range x 1870 1990
range y 35 240
label x Year
label y Population
ticks x 1880 1930 1980
ticks y 50 100 150 200
file pop.d
```

size命令以英寸为单位给出背景的宽(x)和高(y)。range命令给出坐标跨度,label和ticks做类似的描述。坐标的范围是任意的,其他的描述都是可选的。图片描述必须要给出一个包含x、y坐标对的输入文件。文件pop.d的前几行如下:

```
1880     50.19
1890     62.98
1900     76.21
1910     92.22
1920     106.02
```

x值是年,y值是该年的美国人口统计数,以百万为单位。Scatter将这一坐标图的简单描述转换成23行的Pic程序进而生成下图:

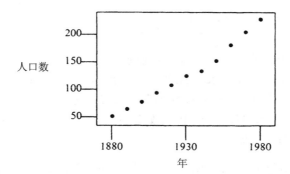

Scatter语言小而实用。其"编译器"是一个24行的Awk程序，我只用了一小时就完成了它的编写。（很多环境下，Snobol的字符串处理工具会成为快速实现小语言的首选，但在我的UNIX环境中，用Awk会更自然些。）*Awk Programming Language*一书（本书2.6节曾引用）的6.2节中介绍了一种用来绘图的更大一点的小语言，那里的小语言并不是一个Pic预处理器，而是将图以字符数组的形式打印出来。

化学家经常绘制化学结构图，下图就是青霉素G的化学式：

化学家可以用Pic画这个图，但这既枯燥又费时。对于一个有化学背景的作者来说，描述这个图的更自然的做法应该是用Chem语言，其中包含了苯环、双键、反馈键等他们所熟悉的术语。

```
R1: ring4 pointing 45 put N at 2
    doublebond -135 from R1.V3 ; O
    backbond up from R1.V1  ; H
    frontbond -45 from R1.V4 ; N
    H above N
    bond left from N ; C
    doublebond up ; O
    bond length .1 left from C ; CH2
    bond length .1 left
    benzene pointing left
R2: flatring5 put S at 1 put N at 4 with .V5 at R1.V1
    bond 20 from R2.V2  ; CH3
    bond 90 from R2.V2  ; CH3
```

```
bond 90 from R2.V3  ; H
backbond 170 from R2.V3  ; COOH
```

Chem语言的历史在小语言中是很常见的。某个星期一下午，我和Brian Kernighan与贝尔实验室的化学家Lynn Jelinski共处了一个小时，她一直在抱怨写专业文章的难处。她叙述了在文档中包含化学结构时遇到的麻烦：费用很高，制图部门又在过分拖延。我们怀疑她的差事可以用一个Pic预处理器代替，于是我们先从她那里借了一本有关各种化学结构图的专著。

当晚我和Kernighan各自设计了一个可以描述很多化学结构的微型语言并且都用了约50行的Awk程序实现。我们关于化学世界的模型与现实产生了偏差——那本专著是关于聚合物的，因此我们的语言所能绘制的图偏重于线性结构。尽管如此，语言的输出却足以让Jelinski确信，只要她再为我们进行多一点的化学专业方面的培训，整个问题就可以解决。到了星期三，我们编写了一些Pic宏，通过这些宏，Jelinski可以画出她真正感兴趣的结构了，虽然对她来说，使用宏还会有一点小麻烦，但她确信可以在这个项目上再多投入一些时间。之后的几天，我们共同创建了可以编译成那些宏的小语言并从中做了取舍。一周以后，我们三人一同设计并实现了Chem语言的雏形，从那以后，Chem语言的发展完全以用户的需求为导向在进行着。目前的版本大约用了500行Awk语句，并使用了一个大约包含70行Pic宏的库。在1987年*Computers and Chemistry*第11卷第4期（第281～297页）中，我们三人详述了这个语言以及实现它的代码。

上述两个简短的例子阐明了小语言预处理器的功用。Pic提供画线功能，Scatter将其扩展以绘制坐标图，Chem则处理化学结构。通过编译成Pic，两种预处理器很容易实现。更困难的是将交互式系统扩展到图表或化学这样的新问题域。

9.4　用来实现 Pic 的小语言

本节从使用Pic转向如何实现它。我们将学习Kernighan用来创建Pic语言的三种UNIX工具，每种工具都可以看成是为描述程序员的一部分工作而提供的小语言。本节只简要介绍这三种工具，章末的深入阅读部分将给出详细的阐述。本节旨在宽泛地介绍小语言，读者如果感觉细节过多的话，随时可以跳到下一节。

之前一张图举例说明了一个常见编译器的组成部分，下图显示Pic包含了很多这些组成部分，当然还不全：

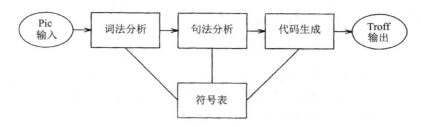

我们要先学习Lex程序，它生成了Pic的词法分析器；之后我们学习Yacc，它进行语法分析；最后我们将介绍Make，它用来管理Pic用到的40个源文件、目标文件、头文件、测试文件和文档。

词法分析器将输入文本分割成记号单位。它通常是作为子程序实现的，每次调用它都将返回输入文本中的下一个记号。例如，对于下面的Pic输入行：

```
L：line dashed down .8 left .4 from B1.s
```

词法分析器将返回：

```
SYMBOL: L
LINE
DASHED
DOWN
NUMBER: 0.8
LEFT
NUMBER: 0.4
FROM
SYMBOL: B1
SOUTH
```

词法分析器的创建简单而又乏味，因此对计算机来说这是一个理想差事。Mike Lesk的Lex语言通过一系列模式-动作对来描述词法分析器。Lex程序读这一描述进而自动创建一个C程序来实现词法分析器。当词法分析器识别了左边的正则表达式后，它就自动执行右边的相应动作。下面是Pic的Lex描述中的一段：

```
">"                     return(GT);
"<"                     return(LT);
">="                    return(GE);
"<="                    return(LE);
"<-"                    return(HEAD1);
"->"                    return(HEAD2);
"<->"                   return(HEAD12);
"."(s¦south)            return(SOUTH);
"."(b¦bot¦bottom)       return(SOUTH);
```

正则表达式(a|b)表示a或b。有了这种形式的描述，Lex程序将生成一个C函数进行词法分析。

上面的正则表达式都很简单，Pic的浮点数定义更为有趣：

```
({D}+("."?){D}*¦"."{D}+)((e¦E)("+"¦-)?{D}+)
```

字符串"{D}"表示数字0到9。（在本章中，正则表达式其实是以文本字符串来描述模式的微型语言。）对于人类来说，为这样大量的字符串类构造识别器是乏味且易出错的。而Lex可以迅速而精确地从一个简单的描述中构造一个词法分析器。

Yacc是"Yet Another Compiler-Compiler"的缩写。Steve Johnson的这个程序是一个语法分析器的生成器，可以把它看成是描述语言的小语言。Yacc的输入与Awk和Lex有大致相同的模式-动作对形式：当左边的一个模式被识别后，右边的动作就要被执行。Lex的模式是正则表达式，Yacc则能支持上下文无关语言。下面是Pic算术表达式定义的一部分：

```
expr:
    NUMBER
  ¦ VARNAME          { $$ = getfval($1); }
  ¦ expr  '+'  expr  { $$ = $1 + $3;  }
  ¦ expr  '-'  expr  { $$ = $1 - $3;  }
  ¦ expr  '*'  expr  { $$ = $1 * $3;  }
  ¦ expr  '/'  expr  { if ($3 == 0.0)  {
                             error("division by zero");
                             $3 = 1.0;
                         }
                         $$ = $1 / $3; }
  ¦ '('  expr  ')'   { $$ = $2; }
    ...
    ;
```

根据这样的描述，Yacc创建了一个语法分析器。当分析器识别形如expr+expr的表达式时，它将（在$$中）返回第一个表达式的值（$1）与第二个表达式的值（这是第三个对象$3）的和。完整的定义描述了运算符之间的优先级（*优于+）、比较操作符（如<和>）、函数以及其他一些小细节。

可以把一个Pic程序看成是一系列基本的几何对象。一个基本对象是如下定义的：

```
primitive:
    BOX attrlist       { boxgen($1);  }
  ¦ CIRCLE attrlist    { elgen($1);  }
  ¦ ELLIPSE attrlist   { elgen($1);  }
  ¦ ARC attrlist       { arcgen($1);  }
  ¦ LINE attrlist      { linegen($1); }
    ...
    ;
```

当语法分析器看到ellipse语句时，将会分割其属性列表然后调用程序elgen。它把

属性的第一部分，即记号ELLIPSE传递给程序elgen，后者根据该记号决定将生成一个一般的椭圆还是圆（长轴与短轴长度相等的特殊的椭圆）。

所有Pic原型具有相同的属性列表，但是某些原型将忽略一些属性。一个属性列表或者为空，或者是一个后面跟着一个属性的属性列表：

```
attrlist:
    attrlist attr
¦   /* empty */
;
```
下面给出一个属性定义的一小部分：

```
attr:
    DIR expr           { storefattr($1, !DEF, $2);}
¦   DIR                { storefattr($1, DEF, 0.0);}
¦   FROM position      { storeoattr($1, $2);  }
¦   TO position        { storeoattr($1, $2);  }
¦   AT position        { storeoattr($1, $2);  }
    ...
  ;
```

每个属性都被分析完后，相应的程序将其属性值存储起来。这是4.1节中讨论的名字−值对的很好的实现。

上述工具帮助解决了人们已经充分研究过的问题。9.7节引用的编译教材分别用80页和120页的篇幅讲述词法分析器和语法分析器的原理。Lex和Yacc将里面的技术打包：程序员用直观的小语言定义词法和语法结构，而由程序自动生成高质量的分析器。这样不仅很容易生成语言的结构描述，而且也容易对语言进行修改。

Stu Feldman的Make程序解决了一个对于大程序来说更一般但却困难的重要问题：随时更新头文件代码、源代码、目标代码、文档、测试用例等。下面是一个精简版的Make文件，Kernighan用这个文件来描述与Pic程序相关的所有文件：

```
OFILES = picy.o picl.o main.o print.o \
         misc.o symtab.o blockgen.o \
         ...
CFILES = main.c print.c misc.c symtab.c \
         blockgen.c boxgen.c circgen.c \
         ...
SRCFILES = picy.y picl.l pic.h $ (CFILES)
pic:      $ (OFILES)
          cc $ (OFILES) -lm
$ (OFILES):pic.h y.tab.h
manual:
          pic manual ¦ eqn ¦ troff -ms >manual.out
backup: $  (SRCFILES) makefile pictest.a manual
          push safemachine $? /usr/bwk/pic
```

```
            touch backup
bundle:
            bundle $(SRCFILES) makefile README
```

文件以3个名称的定义开始：OFILES是目标文件，CFILES包含C代码，源文件SRCFILES包含C文件和Yacc描述picy.y、Lex描述picl.l以及一个头文件。下面一行说明Pic必须有最新版本的目标文件（Make内部的表指明如何由源文件生成目标文件）。再下一行说明怎样将它们结合以生成当前版本的Pic程序。接下来的一行说明目标文件依赖于两个头文件。当Kernighan键入make pic后，Make程序检查所有目标文件是否最新（file.o是最新的，如果它的修改时间比file.c的修改时间晚），重编译过期模块，然后加载所需部分以及函数库。

再下面的两行告诉我们当Kernighan键入make manual后将发生什么：包含用户手册的文件由Troff和两个预处理器处理。backup命令在safemachine上保存所有修改过的文件，bundle命令则将文件打成压缩包以便发送。尽管Make最初设计时是专门用来编译的，但Feldman的更为出色而全面的机制同样支持其他这些功能。

9.5 原理

小语言是流行的第四代和第五代编程语言以及应用程序生成环境的重要组成部分，然而它们对计算本身的影响要更广。小语言通常为人类提供了一个优雅的界面，这既方便了人类控制复杂的程序，也便于大系统中的模块进行彼此间的交互。尽管本章的多数例子都是UNIX系统上的大的"系统程序"，12.2节将显示这些想法是如何应用在一个相当普通的数据处理系统上的，而该系统是在微机上用BASIC语言实现的。

下面总结的编程语言设计原则对大语言的设计者来说是再熟悉不过了，它们与小语言的设计同样相关。

设计目标。设计语言之前，要认真研究你试图解决的问题。你是否应该创建一个子程序库或交互式系统来取代小语言？一个老的经验法则告诉我们，前10%的编程努力提供了90%的程序功能；那么你能利用Awk、BASIC或Snobol来轻松实现那90%吗，还是你不得不使用像Lex、Yacc和Make这样更强大的工具来达到99.9%？

简单性。让你的语言尽可能地简单。规模小的语言便于实现者设计、创建、写文档和维护，也便于使用者学习和使用。

基本的抽象。常见的程序设计语言是基于冯·诺依曼计算机的视角进行创建的，其指令只对小块的数据进行操作。小语言的设计者应当更具备创造性：基本对象可以是几何符号、化学结构、上下文无关语言或者程序中的文件。对象之上的操作也是多种多样的，从苯环的融合到源文件的重新编译。识别这些关键成分对程序员来说是再熟悉不过了；基本对象就是程序的抽象数据类型，而操作就是关键的子程序。

语言的结构。知道基本对象和操作之后，仍有许多不同的方式描述它们的交互。中缀算术表达式 2+3*4 可以写成后缀表达式 234*+ 或用函数形式写成 plus(2,times(3,4))，表达式的自然性和实现的方便性之间通常需要做出权衡。但不管你在你的语言里包含什么，缩进和注释都是必需的。

语言设计的准绳。本章以实用的语言作为例子来展现语言设计的优雅而不是凭空说教。下面是优雅的设计应具备的特点。

- ❏ 正交性：问题中不相关的特性在语言中也不要相关。

- ❏ 一般性：一种操作用于多种目的。

- ❏ 简约性：去掉不需要的操作。

- ❏ 完全性：所设计的语言能描述所有感兴趣的对象吗？

- ❏ 相似性：让语言尽可能有启发性。

- ❏ 可扩展性：确定语言可以进一步发展。

- ❏ 开放性：允许用户"溜走"以使用其他相关工具。

设计过程。和其他好的软件一样，好的小语言是逐渐成长的，而非一成不变的。起初以一个固定的简单设计，用Backus-Naur范式这样的符号进行表示。在实现语言之前，通过描述语言中大量的对象来测试你的设计。当语言完成并付诸实用后，还要反复进行新的设计以根据客户的需求加入新的特性。

对编译器生成的深刻见解。创建小语言的处理器时，不要忽视了编译器部分。尽可能地从后端的处理过程中将前端的语言分析分离出来，这样处理器的创建就更容易，也更容易兼容到新系统或新的语言用途中。需要时就使用Lex、Yacc和Make这样的编译器生成工具。

9.6 习题

1. 多数系统提供了一个包用来对文件进行排序，其接口通常是一个小语言。评价一下你的系统提供的这个小语言。例如，UNIX系统的排序程序是通过如下命令调用的：

```
sort -t: +3n
```

这一行的含义是，用:作为字段之间的分隔符并以第四个字段（跳过前三个字段）为准按数值顺序将文件排序。设计一个表达含义更清楚的小语言并实现之，可以用作一个预处理器生成你系统的排序命令。

2. Lex使用一个相当于正则表达式的小语言来描述词法分析器。你的系统上还有哪些程序使用正则表达式？它们有什么区别？为什么？

3. 自学各种用来描述参考书目的语言。这些语言在文档检索系统和文档生成系统的书目程序中有什么不同？每个系统又是怎样用小语言进行查询的？

4. 学习下面的可能是最小的语言：汇编语言、格式描述语言和栈语言。

5. 许多人将视线交叉并将每个眼睛所看到的视图融合后会看到三维立体图像：

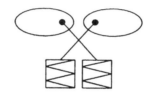

我做过的一个小调查显示，本章的一半读者应该会观察到三维景象，而另外一半将会为此而头疼。

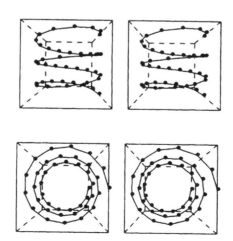

上面的图是由40行Pic程序绘制的。设计并实现一个用来描述立体图的三维语言。

6. 设计并实现小语言。比较有趣的图片字段包括电波图、数据结构（如数组、树和图，绘制2.2节中的有穷状态机尤其有趣）以及通过绘图进行积分的游戏比赛（如保龄球和棒球）。另外一个有趣的领域是描述乐谱。考虑实现在一张纸上绘制乐谱并将其在音乐生成器上演奏。

7. 设计一个可以绘制单位普通报表（比如旅游开销报表）的小语言。

8. 小语言的处理器对语言上的错误如何响应？（考虑大语言编译器上的选项。）特定的处理器将如何对错误作出响应？

9.7 深入阅读

你可能已听说过由Aho、Sethi和Ullman合著的*Compilers: Principles, Techniques, and Tools*[①]一书，该书被誉为"新龙书"（Addison-Wesley出版社1986年出版）。从封面即可推断出它是编译器领域的一本优秀的教材。书里面对小语言做了适当的强调，此外，书中充分使用了Pic语言生成的图片对内容进行了阐述。（本章大多数有关编译器的图片灵感都来自这本书。）

由Kernighan和Pike合著的*UNIX Programming Environment*[②]一书（Prentice-Hall出版社1984年出版）的第8章介绍了一例小语言的历史。作者从一个表达式求值语言开始，加入变量和函数，最终又加入程序控制结构和用户自定义函数，进而实现了一个具有相当表现力的编程语言。整个过程中，Kernighan和Pike都使用本章提到的UNIX工具进行设计、开发和添加文档。2.6节所引用的*AWK Programming Language*的第6章阐述了Awk是如何轻松处理非常小的语言的。

---

① 该书英文影印版已由人民邮电出版社引进出版，中文书名《编译原理、技术与工具》，中译版已由机械工业出版社出版，中文书名《编译原理》。——编者注

② 该书中译版已由机械工业出版社出版，中文书名《UNIX编程环境》。——编者注

第 *10* 章

文档设计

曾几何时，计算机输出是这样的：FOR A LONG TIME, COMPUTER OUTPUT LOOKED LIKE THIS。后来，打印机可以打印小写字母和特殊字符!@#$%?!了。再后来，小型的菊轮式打印机开始能很漂亮地打印输出，也因此被称为"具有了打字机的质量"。这种打印机能打印出新的字符（比如斜体字符）以及其他美观的印刷体（比如脚标）。

机械打印机用金属块存放字母样式，激光打印机则用比特存储字体。（终于，我们程序员也可以插上手了！）因此激光打印机通常可以有很多种字体（有些可能很奇特），而且可以让文字变大或变小。

最初的激光打印机昂贵而且体积巨大，但之后技术的进步使它们的成本减少到几千美元，而大小减到只占桌面上几平方英尺的面积。文档生成系统（如Scribe、TEX和Troff）使程序员能够自如地发挥这些设备的功能。个人电脑在更大范围内推广了这一技术，大众媒体称之为"桌面出版"的革命。作为一切计算工具的专家，许多程序员最近转行做起了业余排版员，他们使用的工具比专业排版人员十年前使用的还要高级。

这既带来了好处也带来了弊病。好处很明显：我们程序员可以使用这些强大的工具创建美观而又易读的文档了。许多程序员现在天天都要对程序文档、课程笔记、技术报告和会议论文进行排版。不幸的是，弊病有时更加明显：多数程序员对文档的设计并不慎重，**强大**的工具有时会被严重地**滥用**！！！

和大多数程序员一样，我没接受过图书设计的专业训练。我第一次写本章是在1986年刚刚完成《编程珠玑》一书的排版时。排版期间，我从Addison-Wesley出版社的专业人员以及贝尔实验室的同事那里学到了很多东西。本章将尝试着把我学到的重要经验告诉大家。

上一章中讨论了几个控制排版程序的小语言。本章将从文档的创建机制转向文档外观，目的是给那些自己设计并排版文档的程序员看。不从事排版工作的程序员也可以从中获益：文档设计也会使用与软件相关的一般设计原则。

接下来的一节将详细讨论一个小领域，即表的排版，其后一节给出表和其他排版样式背后的三个设计原则，再后面两节涉及插图和文本，最后一节考虑如何选择合适的方式来表达思想。

10.1 表格

我们可以用一系列句子描述不同大陆的面积大小以及人口数量，比如开篇就说："亚洲总面积16 999 000平方英里（约4 400万平方公里），占整个地球陆地表面积的29.7%；其人口数量为2 897 000 000，占全球人口总量的59.8%。"下表更有效地传达了这一信息，而很多文档生成系统都可以很容易地创建它。和本章中其他所有表一样，该表由Mike Lesk的Tbl程序生成。（Tbl是一个描述表的小语言，它是Troff的一个预处理器。）

Continent	Area	%Earth	Pop.	%Total
Asia	16,999,000	29.7	2,897,000,000	59.8
Africa	11,688,000	20.4	551,000,000	11.4
North America	9,366,000	16.3	400,000,000	8.3
South America	6,881,000	12.0	271,000,000	5.6
Antarctica	5,100,000	8.9	0	0
Europe	4,017,000	7.0	702,000,000	14.5
Australia	2,966,000	5.2	16,000,000	0.3

本节剩下的部分是设计表格的一个练习。我们将保持表中数值和大陆名称不变，只在另外三个表中改变其他的设计参数。该表的下一个版本使用Helvetica字体①，给出更具描述性的标题，将表放于页面中央，并居中显示大陆名称，此外还加入垂直和水平的分隔线（表线）。由于数值以更自然的单位显示，新设计的表刚好可以放置在《ACM通讯》的一栏里。（第一个表首次出现在这一期刊上时需要跨两栏；正如在编程中一样，排版中的空白通常是没有成本的，但没准有时却会非常昂贵。）

---

① 本章最初发表于《ACM通讯》，该刊的编辑体例规定，所有表格应当用Helvetica字体。其中的理由之一就是，表格都是用小字号（8磅）排版的，而Helvetica的小字号比较容易阅读。

Continent	Area		Population	
	Mill. Sq. Mi.	%	Mill.	%
Asia	16.999	29.7	2,897	59.8
Africa	11.688	20.4	551	11.4
North America	9.366	16.3	400	8.3
South America	6.881	12.0	271	5.6
Antarctica	5.100	8.9	0	0
Europe	4.017	7.0	702	14.5
Australia	2.966	5.2	16	0.3

表线有助于引导读者阅读，但上表中的表线用得有些过分。下一张表设法用更少的表线，而且对更重要的区间划分使用双表线。名称居中也是不必要的，因此在新表中将改回左对齐。我们将使用更小的字体（9磅而不是10磅），并把垂直间距从12磅缩短到11磅。此外，对标题进行了重写并用粗体着重显示。

Continent	Area		Population	
	10^6 Sq. Mi.	% of Total	Millions	% of Total
Asia	16.999	29.7	2,897	59.8
Africa	11.688	20.4	551	11.4
North America	9.366	16.3	400	8.3
South America	6.881	12.0	271	5.6
Antarctica	5.100	8.9	0	0
Europe	4.017	7.0	702	14.5
Australia	2.966	5.2	16	0.3

下一个版本的表是我个人最喜欢的。其灵感来源于10.8节所引用的*The Chicago Manual of Style*第12章的指南。该表尽可能少地使用表线，唯一的双表线在表的顶端，以使表格区别于之前的文本。我喜欢区别对待表头和文本，但上一张图的粗体过于张扬。因此下一张表只对主要表栏头使用小体大写字母。出于同样的原因，基本字体从Helvetica改回最初的Times Roman。

CONTINENT	LAND AREA		POPULATION	
	Millions of Square Miles	Percent	Millions	Percent
Asia	16.999	29.7	2,897	59.8
Africa	11.688	20.4	551	11.4
North America	9.366	16.3	400	8.3
South America	6.881	12.0	271	5.6
Antarctica	5.100	8.9	0	0
Europe	4.017	7.0	702	14.5
Australia	2.966	5.2	16	0.3

尽管本节的4张表包含同样的数据，但其外观却差别很大。一篇文档的最佳图表设计取决于很多因素，从文档生成系统的能力（它能否做到？）到文档的意图（广告需要吸引读者的眼球，而手册则应当方便参考）。

以上关于图表外观的讨论忽略了图表设计中的很多基本问题。4张表的格式都是可以接受的，但情况有可能更糟（比如需要交换行和列，或对某一行/列进行重排序）。为图表设计美观的布局结构是具有挑战性的。但是，很遗憾，之前所有表在数据描述上都是失败的：数据来源是什么？这些数值是何时、怎样收集的？好的表会显示与数据相关的一切背景。上面的讨论完全忽视了表中最重要的方面：这些数意味着什么？我们怎样处理它们？尽管这些问题非常重要，但已经超出了本章的主题——排版。

10.2　三条设计原则

请等一等！本章是面向程序员的，而我们都知道程序员是怎样讨厌文档的：赶快把它放到一边，这样就可以尽享编程之乐了。我并不想试图说服狂热的编程爱好者相信文档的重要性，但我认为即便是他们也会从文档设计中学到东西。

每个人都应该读一下Strunk和White合著的经典*Elements of Style*，该书第3版由Macmillan公司在1979年出版。Strunk和White的书之于英文，正如Kernighan和Plauger合著的*Elements of Programming Style*（第2版，McGraw-Hill出版社，1978年）之于程序。他们所阐明的一些原则对文档设计同样适用。下面是创建好的文字、程序或文档的3条基本原则。

- ❏ 迭代。Strunk和White建议作者们"不断修改"。好的程序员早已熟知这一点，Kernighan和Plauger的*Elements of Programming Style*正是围绕着修改教科书中程序的编序风格而展开的。之前的4张表，从第一版到最后一版的改进着实费了不少力气，但一篇好文档有时会使我们觉得努力没有白费。

- ❏ 一致性。修改一篇文档可能是没有止境的。为避免这一问题，Strunk和White劝告我们"选择一个合适的设计并坚持下去"。有些程序员的设计完全跟着公司的编程规范走。好的标准当然是幸事，而坏的标准有还不如没有。应该不断实验寻求特定类型文档的最佳设计风格，然后就坚持下去。

- ❏ 简约。"强文必简"，Strunk和White告诉我们"省去不需要的词"。健壮、高效且可维护的程序也非常简练，好的程序员会省略不需要的行、变量以及程序。

我曾听说一个程序员以能够"通过减少代码来增加功能"而名噪一时。在保证不减少信息的前提下，尽量从你的文档中去掉过多的字体**变换**和<u>多余的线</u>。

10.3 插图

我们把上述原则应用到插图的排版上。先从一个已排序数组的二分搜索开始，这在3.1节中提到过。图1显示从一个有16个元素的数组中二分搜索50这个数：第一次试探比较50和数组的中间（第8个）元素（41），第二次试探第12个元素，依次试探，直到第四次试探在数组的第11个位置上找到50。图1的大小、位置、字体和图例在个人电脑上很常见。

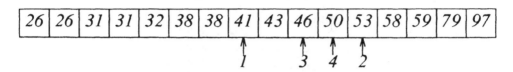

图1 一个数组的**二分搜索**

通过一些实验，我们得到了插图的第二个版本。该版本使用更精致的线条并按页面的大小适当缩减了方框与文字的大小。此外还变换了每次试探所对应的箭头的长度，距离目标元素越近，箭头越短。

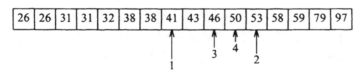

将难看的图题去掉节省了空间，而把插图放到段落之中也省去了读者查看图编号的麻烦。

1986年5月的《ACM通讯》的第391页用面积约15.24 cm×16.51 cm的插图描述了一个音乐排版系统。

通过缩小几个几何图形，并旋转这个图使其箭头流方向顺着页面文字的方向而不是向下，得到的下面这个图和原图功能相同，但面积却只有原图的十分之一（而且该期刊的空白处也很昂贵）。缩小插图不仅节约空间，而且也让最终的版本比原版看上去更专业。不妨试一下。

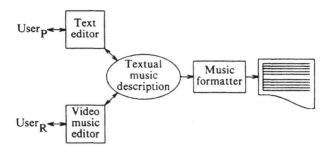

下一章将讨论技术性文章中常会用到的一类插图。比如，下图显示了一个微分方程解的路径方向。

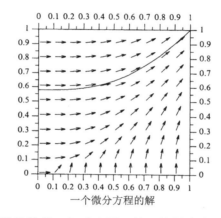

一个微分方程的解

下一个版本表示同样的数据，却减少了干扰。该版本有更多的信息提示、更少的刻度（这一版里的4个和原图中的84个效果其实相同）和缩小的尺寸。原图中俗气的箭头被精细的短线所取代。

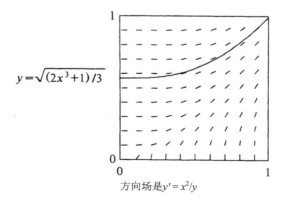

方向场是$y' = x^2/y$

许多图形程序提供底纹模式，这种模式通常都很引人注目，有时也能提供更多信息。然而，底纹的使用更多情况下却会模糊图中的消息，而且让人眩晕。有的系统可以生成彩图，功能出奇地强大（如果你不同意，拿一张彩色交通图的黑白复印件来对比读读看），但彩色复印总是很昂贵的，而且也常被过分使用。小心这些设备。

图中线的宽度也可以改变插图的性质。下面是用3种不同宽度的线绘制的流程图：

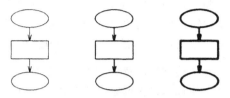

细线条看上去不明显，而粗线条又显得比较笨拙。还是仔细权衡一下吧。

上节概述了3条设计原则：迭代、一致性和简约。本节中的对比图片说明，重复也适用于图的设计。下面这几点简约原则我试图在插图中一贯使用。

插图要小，但也要足够大以便于阅读。

插图和它们对应的文字要离得近。尽可能将插图与文字紧密结合，并去掉插图标题和编号。

少使用色彩和背景底纹。

使用精致的线宽。

10.4　文本

尽管表和插图常常会增加效果，但任何文档的精髓却是文本：段落由句子构成，句子由单词构成。以下几点谈论如何写文本，程序员在写文档时经常会忽略它们。

字体和字号的改变。你知道本段的主题因为段首的8个字是楷体。这种字体也可以用于强调术语的定义。有时适当地改变字号也是有好处的[1]。但也要注意不能过分使用：一页满是不同字体和字号的文本太为难读者的眼睛了。

使用列表。文本并不一定要成段给出，还有其他很多表达文字的途径。

---

[1] 脚注虽小但仍然可读。它们是起附加说明作用的，因此应该少占篇幅。较小的文字通常用于长的引文、习题、解答、参考书目以及其他辅助性材料等。

（1）一系列相似的要点可以尝试用一系列缩进的段落给出。

（2）这种方式能让读者注意各要点之间的相似性和区别。

（3）不要过度装饰。这里的数是没用的，可以改用圆点，什么都不用或许会更好。

这个列表其实是不需要的，用一整段文字就够了。上一节结尾的列表是更好的例子。

空白。 使用空白可以将文档中不同的成分（段落、列表中的项、插图或表）分隔开。正如大声讲故事时某些特定环节需要停顿一样，空白对于文档的布局来说也至关重要。空白过少好比讲故事没有停顿，而过多空白则让人无法忍受。

页面格式。 这是读者看文档首先注意到的方面。章节的标题要直观概括其内容的大意，但也不能过分具体而使标题显得前言不搭后语。这同样适用于表、插图、程序等的标题命名。标题要提纲挈领，切勿混乱。

页面布局。 内容和格式安排妥当后就到了最后一步：将产品打包。表和插图要和相应的描述文字在一起，如果插图无法和文字描述排在同一页上，那么尝试把插图排到文字的对页上而不要放到文字的背页。其他细节包括：对页彼此的长度要平衡，去掉段尾的单字行、页面开头的单独行以及垂直贯穿文本的空白列。

出版流程。 论文在期刊上发表之前会经过很多人之手。作者的技术性内容通常要经过技术编辑和审稿人的审阅与修改。文稿编辑然后对写作风格进行修改以便和整体刊物的风格保持一致，然后排版员排出毛校样，与此同时，专业制画员为文章准备插图。各部分经过校对后就排版形成清样。[①] 一名程序员不可能具备这么多专业人士的经验，但却能够从另一个角度考虑问题（如果插图与页面不匹配，程序员会把插图放到下一页并缩减其大小，然后改写相应的文本，等等）。充分利用你这种优越的机动性，但一定要认真考虑专业人士提出的建议。

文本的逻辑结构。 本章在《ACM通讯》上发表后，DEC公司的Leslie Lamport[②]给我发了封电子邮件："作者应该更多地关心文本的逻辑结构而不是外观。你提到的排版系统的主要优点是用户可以通过定义指令来完成排版。比如，食谱的作者可以定义菜谱、原料表和准备步骤等逻辑结构。重定义这些指令可以很容易地修改这些结构的格式。（许多排版系统都存在一个严重的问题，它们鼓励用户不要重定义，而是加入

---

① 以上出版流程与国内一般杂志社和出版社大致类似，但有一定差异。——编者注

② Lamport是LATEX的作者（现在微软研究院），LATEX是一组宏，为Knuth的TEX排版系统提供更结构化的界面。他在1987年6月号的美国数学会期刊Notices上的"Mathematical text processing"专栏中，在题为"Document Production：Visual or Logical"的文章中详细描述了他的思想。

新命令，如加入垂直空白列和双栏列表。）"

信中还说道："这一方法的一些好处是明显的。比如，将一篇文章从一种期刊格式改变成另外一种期刊格式是迅速而容易的。不明显的好处是，这一方法迫使作者在写作时始终都要关注文档的结构（或结构的欠缺）。"

10.5　合适的媒介

本章前面部分集中讨论改进给定的外观。这种排版上的推敲本质上只是表面活。好的排版并不能弥补文章本质上的缺陷，如拼写错误、语法不当、结构性差以及内容空洞等。下面来看排版对文章思想的清晰表达有什么基本帮助。思想可以用不同方式来表达，比如公式、图片或表。现代文档生成系统为程序员最好地表达自己的思想提供了极大的自由。

在媒介的选择上，我们程序员比专业排版人员有两大重要优势。

❑ 速度。编辑想试验着改变文本排式时必须把任务指定给一个打印工（通常会在不同的城市），然后等待他的结果。这个过程要用几天时间，而很多程序员只需要几分钟就可以做到。

❑ 灵活性。对于某个想法，编辑必须很早就选择一个最终的方案然后把它交给该领域的专家（比如专业设计师）处理。而很多程序员可以利用各种工具对不同的媒介进行实验来最终决定。

本节接下来的部分通过实验比较表达思想的不同形式。

老的几何书都有这样的句子："直角三角形斜边的平方等于两直角边的平方和。"我们可以用下图和等式 $a^2 = b^2 + c^2$ 结合一起来表达这一信息：

有很多方法可以证明勾股定理。可以使用经典几何教材中的欧几里得表示法（对排版来说个是挑战，但也并非难以做到），也可以用代数的方法，或者可以画出下图：

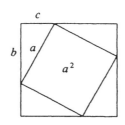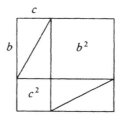

这两个正方形中都包含4个三角形（总面积都为$2bc$）。剩余部分的面积，左图为a^2，右图为$b^2 + c^2$。

尽管如此，插图并不总能节省空间。在*Book Design：Systematic Aspects*（Bowker，1978）一书中，Stanley Rice用一张图占满了第97页，该图将手稿中的字符数和成书的页数进行了对应。他完全可以用等式$p = 0.318c$来取代整幅图，这里p是页数，c是以千为单位计数的字符数。或者也可以用一行字"每页3 145个字符"。在这种情况下，你的选择取决于两个因素：(1) 多出一页的成本；(2) 读者愿意看图还是公式。

1.3节深入分析了查找文档中最常用单词的UNIX管道，下面看一个11.1节中相关的管道。该管道的核心是一个UNIX Shell语言中的常用命令：

```
sort | uniq -c | sort -rn
```

第一个sort搜集相同的单词，uniq程序去掉重复单词，进而对每个单词的出现次数进行计数（-c选项），第二个sort将重复出现的单词按出现次数的降序进行排列（-rn表示逆序输出排序结果且基于数值的比较进行排序）。下面是管道示意图，输入流是"this is this and that is not this"：

```
this         and                    3 this
is           is          1 and      2 is
this         is          2 is       1 that
and   sort   not  uniq -c  1 not sort -rn  1 not
that  →      that  →     1 that  →   1 and
is           this        1 that
not          this        3 this
this         this
```

第15章描述了一个选择集合中第K大元素的算法。该算法用一个子程序划分数组$X[L..U]$，算法的循环不变式可以形式化地写成下面公式：

$$X[L] = T \quad \wedge \quad \forall_{L+1 \leqslant j \leqslant M} X[j] < T \quad \wedge \quad \forall_{M+1 \leqslant j \leqslant I-1} X[j] \geqslant T$$

也可以用程序注释的形式对上式进行简化，表达的意思是一样的：

```
X[L] = T and  X[L+1..M] < T and  X[M+1..I-1] >= T
```

但我认为，表达这一点最清晰的方式是用下面这张图：

T	$<T$	$\geqslant T$	?
L	M	I	U

答案3.1、答案3.2和答案3.3处理堆数据结构和堆排序算法。两者都依赖于具有堆性质 $Heap\ (L, U)$ 的数组 $X[L..U]$，其数学定义如下：

$$\forall_{2L \leqslant i \leqslant U}\ X[i \text{ div } 2] \leqslant X[i]$$

下面是一个数组，其全部子数组都具有堆性质：

$$\begin{array}{|cccccccccccc|}\hline 12 & 20 & 15 & 29 & 23 & 17 & 22 & 35 & 40 & 26 & 51 & 19 \\ \hline \end{array}$$
$$1 \qquad\qquad\qquad\qquad\qquad\qquad\qquad\qquad 12$$

堆排序把该数组看成是二叉树，其元素 $X[I]$ 以元素 $X[2I]$ 为左孩子，以元素 $X[2I+1]$ 为右孩子：

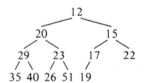

上面的二叉树是一个堆，因为每个结点的值都比其（零个、一个或两个）子结点的值小。习题2包含了一些关于堆排序算法的其他题目。

在第2章中我们看到了Whorf假说，其陈述为"语言塑造了人的思想"。有很长一段时间，我的文档总受所使用的系统的影响。那个系统只支持文本形式，因此我要费很大精力把我的想法述诸文字。现在我使用的系统允许根据内容来充实文档：你的想法可以用文本、公式、表、插图、程序、图或许多其他的设计方式来表达。该软件激励我成为一个更好的作者。

而最终成形的文档，尽管受不同种类的显示方式的影响，但对读者来说却是友好的。通常，显示方式的选择按逻辑的流程进行：从文本到图片，再到公式，然后到程序。一些期刊要求将所有插图放到文章结尾处，这使文章的制作变得轻松，却以牺牲可读性作为巨大代价。很难想象读一篇数学文章，而其中的所有公式都被编号、加标题，然后赶到文章的结尾处。更无法想象，一本编程教材，其中所有代码都出现在最后的附录C中！精心编排出图文混排的文章并不是程序员或作者的分内之事，但这项工作对文章的读者却极有帮助。

10.6 原理

不管自愿与否，许多程序员现在都是文档设计领域的专家。这并不像听起来那么可笑。Fred Brooks在《人月神话》第一章里雄辩地阐述了程序员这一行的乐趣和悲哀。文档生成和编程有很多共同之处。两者都要"创造对他人有用的东西"和"必须出色地完成任务"。我认为两者最大的共同点就是，都能让人尽享"创造的乐趣"。

文档设计需要创意。如果所有人着装相同，所有车的车型和颜色（很可能是黑色）也一样，那么这个世界是多么乏味，甚至令人生畏。一个所有风格看上去都差不多相同的文档库也是一样。综合考虑文档的许多属性，才能得到最佳的设计效果。

但是要当心创意过度。Strunk和White建议作者们"置身于背景之中"。好的文档风格就像好的编程风格和好的写作风格一样，是无形的。内容是文档的首要目的，文档风格只是达到这一目的的辅助手段。

10.7 习题

1. 很多数学证明过分使用图片。找出一个很容易就能在黑板上给出的证明并用你的文档生成系统对其进行表述。可供你选择的有很多：求和$1+2+\cdots+N$、Pascal三角的其他性质以及毕达哥拉斯定理的其他证明，等等。

2. 将数组$X[1..N]$建成堆后，堆排序算法利用下面的循环不变式完成排序：

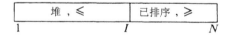

不等号是$X[1..I] \leqslant X[I+1..N]$的简写。循环变量$I$从$N$减到2而数组排好序部分的规模则从0增加到整个数组的大小。绘图以显示堆排序以及那些基于最大元素选择的排序算法的过程。

3. 在*Methods of Book Design*（第3版，耶鲁大学出版社1983年出版）一书中，Hugh Williamson提出了文档的3大主要目标：正确性、一致性和清晰性。如何对计算机程序进行排版以达到这3点？

10.8 深入阅读

*The Chicago Manual of Style*一书的第13版在1982年由芝加哥大学出版社出版。在体现了该出版社整体文风之余,该书还给出了特殊情况下的文风原则,这已成为很多出版社的标准。与出版行业打交道的程序员最好人手一本。

10.9 次要问题目录(边栏)

很多读者曾给过我如下形式的评论:"你没有提醒这样可怕的情形……"这些问题很多都已被收入到正文中,下面是一些应该考虑的次要点。

行宽过大。尽量保持行宽不超过75个字符,包括空格和标点。行宽过长容易使读者看错行。计算机科学家经常错误地在21.6厘米宽、页边空白宽2.5厘米的页面上使用10磅字体。

低分辨率设备。点阵打印机、轮式打印机、激光打印机、照相排版机的输出质量依次提高,设备的价格也从几百美元增加到上万美元。读者一旦习惯了较高级的输出质量,就很难回头再接受低一级的质量。

下划线。用斜体字取而代之通常会显得更美观。只有为数不多的标记比下划线更突兀。

排版过度。失望的读者原本可能幻想本章会包含激光打印机的输出示例,这样就可以给出如下评论:"这个激光打印机的分辨率大约是300dpi。字体是由工程人员设计的,而非出自专业设计师之手。例子很难读懂因为包含了太多黑色,长度和宽度的比例失衡,字间距和词间距失衡,缺少律动。然而,一行之内可以混合使用多种字体使它成为勒索信的理想选择。"

广告业的真理。过去,文档的外观可以准确反映其重要性。从手写的笔记到粗印的初稿,再到精印的技术报告,直到期刊文章,随着外观的改良,内容也越来越精彩。如果你精心排版的文档里有你今天早饭时产生的一些想法,那么请你把它标记为"初稿"。

被忽视的现成资源。DEC的Leslie Lamport给我发电子邮件说:"你忽略了对于新入行的设计者来说最简单而又最有效的建议:去书店看看真正的图书设计师们是怎么做的。(你可能应该从非计算机科学的书中寻找专业人士的作品。)很让人惊讶的是,几乎没有人想过这么做。"

电脑屏幕图。另外一个读者写道:"你写到的一切可能是对的,但它们几乎没什么用。电脑屏幕通常充满了不相关的东西，而且，屏幕图本来就便宜、快捷而且短暂。如果你的文档也如此，为什么还要先把它写下来？"

连字符。多数情况下程序处理连字符都没问题，但尽可能不要让你的读者读到这样有歧义的转行：scar-city、the-rapist和uncle-an。

双引号。""这样的双引号只适用于程序中的字符串，而文档正文中应该用""。

用Fig.表示图。与Figure相比只节省了两个半字符，但看上去却很丑陋。

Mallory的弊病。Mallory立志攀登珠穆朗玛峰，"因为它就在那儿"。这是登山的好理由，但为了着重显示单词而使用24磅sans serif字体，这就成了可怕的借口了。

第 *11* 章

图形化输出

计算机系统每年都变得更强大：更多的主存，更快的处理器和更大规模的数据库。这是好消息——计算机可以存储越来越多的数据，并对其进行越来越多的处理。可是在系统执行了大量计算之后，我们又该如何从海量数据中得出大趋势呢？

问题的答案很大程度上取决于数据本身和读者的兴趣。用成段的文字和许多数据表格经常也可以进行良好的概括总结。然而，本章要集中讨论数据的图形化表示，图形化表示可以调动人类强大的视觉系统来处理数据。廉价的激光打印机和图形效果打印机已经广泛使用，而现成的软件包又使普通程序员也能轻易应用图形技术。本章阐述我们程序员如何利用技术提供更有用（也更图形化）的输出。

11.1 实例研究

本节我们将利用一些简单的图形方法研究一个数据集合。第1章和第2章考虑了列举文件中全部单词并对不同单词计数的问题。2.1节给出了相应的Awk程序：

```
      { for (i = 1;  i  <= NF;  i++)  count[$i]++  }
END { for (i in count) print count[i], i }
```

下面的UNIX Shell管道执行同样的任务，与1.3节中的程序类似：

```
cat $*  |  tr -s '\t '  '\012'  |  sort  |  uniq -c
```

为与Awk程序保持一致，该程序并不将大写字母转换成小写字母，也不对最终的单词列表进行排序。

　　我以本书初稿的15章为输入运行了这两个程序并分别计时。下表第一行表明第1章共计有4 351个单词，其中有1 579个不同的单词。Shell管道程序在VAX-11/750上运行用了3.2秒，而Awk程序用了28.2秒。

章	单词		运行时间	
	总计单词数	不同单词数	Shell	Awk
1	4 351	1 579	3.2	28.2
2	3 863	1 406	2.6	26.6
3	3 577	1 324	2.8	26.5
4	2 877	1 192	2.3	20.2
5	3 544	1 548	2.9	23.9
6	3 066	1 248	2.3	21.7
7	3 504	1 506	2.7	24.1
8	1 288	641	1.1	9.3
9	6 740	2 233	4.5	42.3
10	6 707	2 402	4.9	43.3
11	3 423	1 585	2.8	24.0
12	3 329	1 331	2.7	21.5
13	2 404	870	1.8	15.0
14	5 028	1 708	3.3	31.6
15	4 928	1 558	3.3	29.2

　　本节给出一些图，突出显示这个数据集合中存在的某些关系。不过请你先用一分钟自己找找有哪些趋势。

　　下面这张散点图[1]把Awk的运行时间看成是Shell运行时间的函数，其中显示的是上页表中最右边两列的情况：

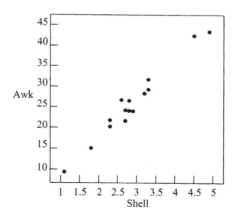

----

① 本书所有图形都用Grap（一种图形排版语言）产生，Kernighan和我在1986年8月的《ACM通讯》上描述了这种语言。Grap被实现为第9章描述的Pic语言的预处理器。

图中的点大致排为一条线，于是我用最小二乘回归法得到

$$T_{\text{Awk}} = 9.27 \times T_{\text{Shell}} - 0.88$$

用语言表达，Shell程序大概比Awk程序要快8倍左右。

下图[①]是这一数据集合更好的表示。有些表面上的变动：图变小了、刻度变少了、刻度标到了外面（在区域内部标刻度会影响数据的清晰度），而文字标题也更明确了。另外3个变动提供了更多的信息：回归线便于我们比较实际值和回归值，较大的图形区域表明回归线与横轴交点接近原点，回归线上标示的符号是章号。

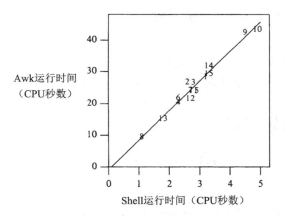

注意，所有章都位于回归线附近，而回归线几乎穿过原点。篇幅较小的第8章处理起来很快，而篇幅较大的第9章和第10章耗费的CPU时间则多得多。

下面一对图分别显示了不同单词数与全部单词数以及全部单词数与运行时间之间的一些关系。两张图突出显示了最小二乘回归：

$$W_{\text{Distinct}} = 0.29 \times W_{\text{Total}} + 343$$

$$T_{\text{Awk}} = 0.006 \times W_{\text{Total}} + 2.56$$

为了节省空间，我们缩小了两张图的面积并将它们并排显示：

---

① 为了便于读者理解图的含义，译者将部分图中的文字翻译成了中文，但实际原书中用Grap生成的图中的文字均为英文。——译者注

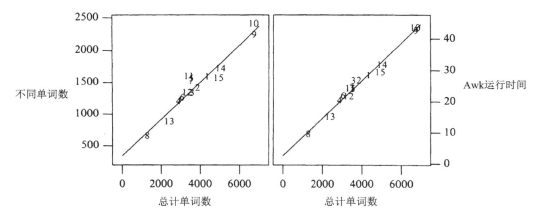

左图显示不同单词数约为全部单词数的30%，但这只是粗略估计。右图表明Awk运行时间非常接近于最小二乘回归法预测的每1 000个单词需要6秒。

11.2 显示结果取样

上节用散点图为数据集合进行图解，本节考察其他各种图以便合适地概括各种数据。

你不一定总是需要一个昂贵的输出设备进行显示。比如John Tukey的茎与叶图显示方式可以由行式打印机打印出来。本例给出美国前40任总统就职时的年龄（从华盛顿到里根，克里夫兰计算两次）。第一行记录42岁（罗斯福）和43岁（肯尼迪），最后一行记录65岁（布坎南）、68岁（哈里森）和69岁（里根）。

```
40-44  |  23
45-49  |  67899
50-54  |  001111224444
55-59  |  555566677778
60-64  |  011124
65-69  |  589
```

显示结果的形状形成一个有关年龄的直方图（构成喇叭状）。用统计单位划分坐标轴以便呈现整个数据集合。

时序图显示了一个变量是如何随着时间变动的。比如下面这一对共享x轴的图，显示了美国国内电话机数量是如何从1900年的130万台增加到1970年的1.2亿的。（显然，统计单位是"百万台"。）

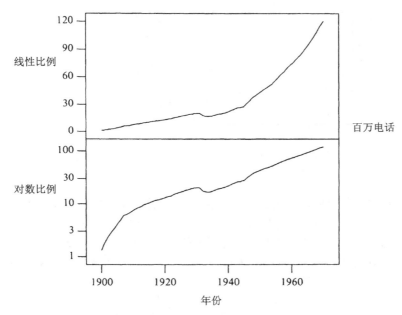

20世纪第一个10年，电话数量急剧增加，此后60年则以一个几乎是常数的百分比增加。这一长期趋势中只有两处例外。大萧条使得20世纪30年代初电话数量减少，而这一下跌在40年代末期的战后繁荣中得到了弥补。

上面的坐标图中，y轴的线性刻度突出显示了1940年后的迅速增长，但却把五分之三的数据压缩到了图下端五分之一的区域内，这就隐藏了很多信息。下面的坐标图，以对数刻度凸显了话机增长率；对数线性图中的直线表示几何增长率（见习题4及其答案）。

下面一张图是Bill Cleveland点图的一个变种，可以替代流行的条状图。它将图形和制表的方法结合起来显示Ritchie与Thompson的论文"The UNIX Time-Sharing System"中的数据，该论文发表在1974年7月的《ACM通讯》上。论文中我们用来获取数据的表列出了所有占CPU时间或指令调用时间2%以上的命令。关于CPU时间的数据可以帮助减少运行时间（这比我们在第1章中看到的监视更高一层），而关于指令调用的数据对设计用户界面是有帮助的。两种情况都显示，占一半以上使用率的命令数量不超过10个。

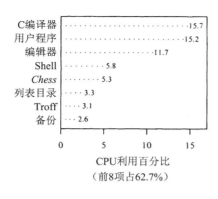

CPU利用百分比

（前8项占62.7%）

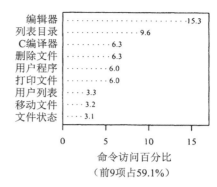

命令访问百分比

（前9项占59.1%）

许多图形系统可以在下面这种曾经很受欢迎的饼状图中很容易显示数据。这很不幸，因为点图几乎总可以更好地显示同样的数据。我的观点是有证据支持的，实验显示，人眼对长度的区分能力比对角度的区分能力强。然而，公正地讲，饼状图有时也是有效的。1987年9月的*Princeton Engineer*杂志用下图对"普林斯顿是否过于近亲繁殖？"这一质疑给出了答复。

饼状图用来显示"100%"这个数时是好的，点状图则更适合显示复杂的数据集合。

不同的数据集合需要不同的显示方式，下表给出了本书中用到的数据集合的图形显示方式。

节号	图形显示方式
10.3	方向场
11.2	散点图
11.2	茎与叶图
11.2	时序图
11.2	点图
11.6	地图时序
12.2	条状图
12.2	直方图
14.8	多时序图
15.3	方块和胡须图

11.3　原理

绘制生动的图需要多样的技术。图作者必须对应用程序足够理解才能决定应当概括哪些数据，必须足够领会数据的含义才能避免得出没有根据（或错误）的结论，而且必须选择合适的媒介（可能是喷墨或激光打印机）来设计并实现图。本节将列出与这些活动有关的原则，多数原则都是从参考书目中获得的。

图的表现力。图可以简洁明快地描述一系列复杂的关系。最生动的图只需要眼睛来看而不需要大脑去想，也就是说，读者体会图意时应当更多地凭借视觉系统而不是认知的能力。图应当被用来显示数据的结构及其关系，而很少被用来显示细节。因此，计算机系统的图应概括普遍的细节。

统计完整性。对于任何形式的专业情报，准确性都是基本要求。因此内容成为图的第一考量：度量单位合适吗？图中凸显的趋势有什么统计学意义吗？数据是否受到污点取样的干扰？图的形式也会误导读者：其标记是否合适？标绘数据的符号和数据大小相称吗？Huff所著的*How to Lie with Statistics*[①]一书对这些问题做了精彩讲述。

美观。图要刺激读者对数据的兴趣，为此，图必须引人注目。另一方面，图的目的是显示数据，而非吸引眼球。因此，优雅的图设计简单又能突出数据。美图设计的有效方法是，从简单的（最好是大家都熟悉的）形式入手，擦掉多余的墨水。

过程。最棒的图并非来自于程序员的一时灵感而通常都是特定过程多次迭代的结果。这一特定过程分三阶段：探索阶段，完全忽略图的外观，只集中显示数据趋势；下一步，确证阶段，利用基本统计学（或至少用常识）来确定数据趋势是有意义的；最后，表达阶段，选择图的最终形式并用适当的媒介作图。

切忌过火。过去，做图之难令我们没办法亲自动手。如今又面临相反的难题：作图软件包的便利往往会引诱程序员妄用其功能。"1980年美国出生的婴儿中，51.27%为男孩。"这样一句话就能表达的意思，你为什么还要自找麻烦地画下这么一张诡异的图来描述呢？

---

① 该书中译版已由上海财经大学出版社出版，中文书名《统计陷阱》。——编者注

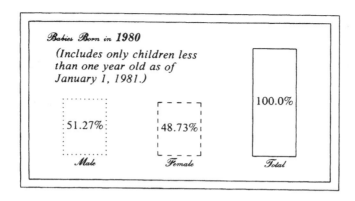

由计算机生成图形化数据显示的前景是光明的，注意遵守上述原则，别让其他人看到你的图之后丧失对这一领域的信心。

11.4　习题

1. 实验不同数据的表达。考虑这样的问题：

   a. 媒介。图是表达数据的最好形式吗？用文本或表可以吗？

   b. 形式。你选择了最好的图形显示方式吗？你的数据应该用散点图、直方图还是时序图表示？坐标变量的选择合适吗？比如，电话机那张图，我们应该选择每年的话机总数呢，还是每年电话机数量的增长率呢？如何在图中绘制额外的信息（比如说每户的电话数）以供研究？刻度应该用线性的还是对数的，或者其他的某种变换形式？

   c. 执行。图的最佳局部结构是什么？除了刻度，散点图和时序图是否也可以在背景中使用格子？说明刻度的数量和位置，以及坐标轴应当用什么来标记。

2. [E. Tufte]图的混乱分散了读者对数据的注意。试着删除一张图中的某些组成部分。如果你不具有可以利用的计算机系统，那就试试先把图复制几份然后用白色"修正液"涂去多余的部分。不断试验直到结果让你满意为止。我发现这方法对我自己的图特别有帮助：越简单的图越能在第一时间吸引人的注意，而且对数据的表现力也更强。

3. [P. A. Tukey] Chambers、Cleveland、Kleiner和Tukey合写的 *Graphical Methods for Data Analysis* 一书在1983年由Wadsworth国际集团出版（平装版由Duxbury出版社出版）。附录7总结了1979年美国境内销售的74款机动车的13种性能参数。下表并不

是简单地列出74项每加仑英里数以及汽车重量的数据，而是在第一栏给出了每加仑英里数，后面各栏给出了相应所有汽车的重量。第一行表明一加仑油可行驶12英里的汽车有两款，其重量分别是4 720磅和4 840磅。

```
12     4720 4840
13
14     3420 3830 3900 4060 4130 4330
15     3720 4080
16     3690 3870 3880 4030
17     2830 3170 3350 3740
18     2410 2670 3330 3370 3470 3600 3670 3690 3700
19     3200 3210 3300  3310 3370 3400 3420 3430
20     2830 3250 3280
21     2130 2650 2750 4060 4290
22     2580 2640 2930 3180 3220
23     2070 2160 2370
24     2280 2690 2720 2750
25     1930 1990 2200 2240 2650
26     1830 2230 2520
27
28     1760 1800 2360
29     2110
30     1980 2120
31     2200
32
33
34     1800
35     2020 2050
36
37
38
39
40
41     2040
```

除了给出数据集合，该图又是一张直方图，和11.2节的茎与叶显示方式类似。试着找出重量与每加仑英里数之间的关系。

4. 解释一下，为什么当x和y都使用对数刻度时，关系$y = a \times x^b$在坐标图上会是一条直线。再解释一下，为什么当x使用线性刻度，y使用对数刻度时，关系$y = a \times b^x$是一条直线。a和b在坐标图上是如何反映的？你将用怎样的刻度来表达关系

$$y = a\sqrt{x} + b ？$$

5. 写一个程序以图形方式显示系统随机数生成器的输出。最简单的方式是把生成数字段等分成块，然后用直方图显示每块中随机数的计数总数。尽管用这种图形方式你可以很容易就识别出一个缺乏随机性的生成器，但在你批评一个随机性似有似无的生成器之前，还是最好先参考一下Knuth写的《计算机程序设计艺术，卷2：

半数值算法》①一书的3.3节。

11.5　深入阅读

Darrell Huff所写的*How to Lie with Statistics*（1954年由W. W. Norton & Company公司出版，多次重印）一书对于关注大众媒体以及阅读技术文献的人来说应该人手一本，你当然也可以质疑这种说法。书中给出了很多办法来有倾向性地用图来反映观点，并且训练你提出关于图的问题。但如果你想自己总结数据，则毋庸置疑，你必须阅读这本迷人的书。其中包括如何进行统计学总结以及如何有效地用图形化手段呈现统计学总结的原则。

Edward Tufte写的*Visual Display of Quantitative Information*既是咖啡桌上的漂亮装饰又是程序员的一大激励。书中假设你已经总结了数据，集中讨论图形化设计与完善的原则。Tufte搜集了18～20世纪的图形化杰作，11.6节中拿破仑的俄罗斯战役就是其中一例。本书只能直接从出版商那里买到，定价34.00美元，邮购地址：Graphics Press，Box 430，Cheshire，Connecticut 06410。

Bill Cleveland写的*Elements of Graphing Data*由Wadsworth公司于1985年出版。作者阐述了创建图的基本原则，并调查了许多图形化方法，这些方法的分类基于其显示的数据种类。迷人的数据集合与漂亮的图形化设计让阅读过程变得愉悦，书中的图形化设计原则值得认真研习。如果你想用图形化方法表达并分析数据，那么本书正是为你写的。

11.6　拿破仑远征莫斯科（边栏）

你如何概括拿破仑1812年在俄罗斯战役中的挫败？很多程序员会试着用行式打印机打出几十厘米的输出，给出每天的人员数量、军饷以及驻军地点的变化，并用星号标明每周、每月的数据。法国工程师Charles Joseph Minard在1861年用一种不同的方式来描述这个问题：只用一张简单的图来总结该次战役。Edward Tufte对这一工作的评价很有代表性："这很可能是有史以来最好的统计学绘图。"我花费了一下午时间就用Pic语言绘制了Minard的图并稍微做了一些更新。

---

① 该书第3版的英文影印版已由人民邮电出版社出版，中译版也即将由人民邮电出版社出版。
　　——编者注

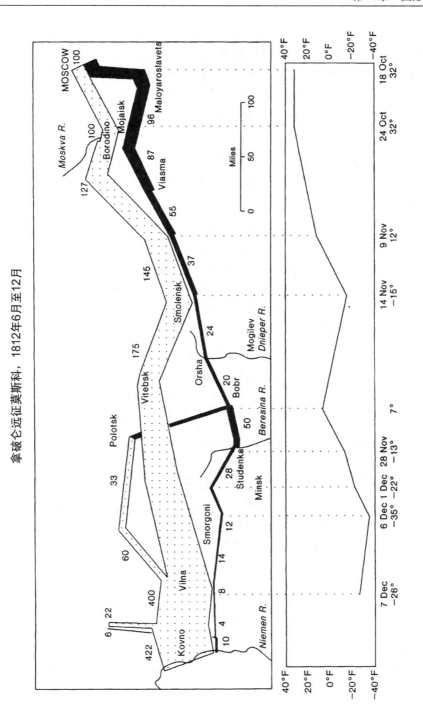

上面那条带显示了从1812年6月23日拿破仑主力军队穿过涅曼河到9月14日占领莫斯科期间的行军路线。带宽与军队规模（从422 000人减少到100 000人）成比例。下面那条带（颜色较深的）显示从10月末开始撤退到12月26日10 000幸存者逃过涅曼河的军队规模。两次保护法军侧翼的行动也类似地给出了表示。带附近的数给出了以千人为单位的军队规模。底端的图要从右向左读，其中显示了撤退期间遇到的低温天气及其日期。

本图给出了与地图上的城市、河流等背景相关联的六个变量：驻军地点（经纬度）、军队规模、行军方向、气温以及日期。从中可以看到一支军队的毁灭与一个帝国走向灭亡的起点。

俄军最初的战略安排是打持久战消耗法军战斗力，但图中显示了几场关键战役。9月7日的博罗金诺战役对双方来说都是胜利。11月3日的Viasma战役，俄军几乎歼灭了法军的后方军。11月15～18双方在克拉斯诺（斯摩棱斯克附近）展开了一场持续4天的运动作战。图中突出显示了11月26～28日法军渡过Studenka的别列津纳河时受到的致命重创：几天前的一次解冻阻塞了河路，而渡河过程中和撤退的剩余阶段里，气温急剧下降到致命的极限。

本图中，气温起到了突出作用，这原本来源于法国一方的解释。11月最后一周的持续低温到来之前，俄罗斯的冬天其实相当温和，而那时法国军队已经差不多被消灭了。法国方面关于这场仗的解释最初来源于拿破仑本人的一份报告，其中指责了寒冷这一天灾，而俄罗斯方面却从不打算把天气因素作为焦点。

我保留了Minard原图的基本结构，包括他用到的所有数（甚至有些准确性值得怀疑的数），在图的外观上我做了一些改动：城镇使用它们现在的名字，比例尺使用英里而不是里格①，温度使用华氏度作为单位而不是列氏度②，日期使用英文。（地理知识参考：Kovno市在立陶宛，位于现在波兰边境东北方约50英里处，莫斯科西边约500英里。）Tufte重新打印了Minard的原图并在*Visual Display of Quantitative Information*一书的第40和41页对该图进行了热情而赞赏有加的描述。

---

① 里格（league）是旧长度单位，1里格 =3英里，1英里 =1.609千米。——译者注

② 现在常用的是摄氏度，华氏度减去32再乘以5/9就是摄氏度。——译者注

第 *12* 章

对调查的研究

人们都知道调查。美国新闻界经常向民众发出民意调查，调查主题从总统的声望到喜欢吃哪种爆米花五花八门。1980年我有机会了解到一点这些调查背后的机制。我为民意调查公司安装个人电脑并为他们写自动化程序，帮助他们提高活动效率。

本章第一节简单介绍民意调查的背景。后续的两节概述该系统较为有趣的两部分。第二节讨论用来描述调查的小语言，第三节描述数据的图形显示技术，这部分技术被加入到该公司的报告之中。

第9章、第10章和第11章详述了设计计算机输入与输出的一般原则。其中给出的例子对一些程序员来说可能相当诡异。因此本章将把这些技术应用到一个普通的数据处理系统上，该系统是用微机上的BASIC语言实现的。

12.1　有关民意调查的问题

我在1980年年底为那家公司安装了首批电脑：3台48 KB的微型计算机。需要自动化的业务有一些在所有小公司里都是很常见的，比如计算薪金总额。然而多数业务却是民意调查行业专有的。例如，5.2节的答案3里的简单程序对绘制随机取样曲线就是有帮助的。

下面是关于民意调查的简单概述。为理解语言设计和数据表示的趣味，我只给出一些必要的想法。有下面3项基本的数据处理任务。

□ 输入：采访者向被采访者提出问题。一些组织用问卷的形式进行调查，调查结果稍后会手动输入到数据库中，另一些组织通过计算机进行调查并在线记录结果。

❑ **确认**：调查的一致性和完整性要经过多次核对。一些核对是全局的：每一个答卷人都恰好在数据库中记录了一次吗？有些核对只针对单个记录：所有问题都回答了吗？回答都有效吗？"仅民主党人回答"的问题是不是发给了所有民主党人并且只发给了民主党人？

❑ **建立表格并输出**：问卷数据库完成后，调查结果被列成表格写进最终报告中。报告主体对每个调查的问题用一页来阐述。其他材料则包括封页、目录、调查方法的描述以及对主要趋势的总结。

下一节给出小语言对上述3项任务的用处，再下一节叙述一些集成到最终报告中的图形化技术。

12.2 语言

我创建的系统有3类程序，每类程序对应上节的一项基本任务。通过一种小语言的描述，程序就可以专门从事某种特定的调查。这里用到的小语言我起名为BPL，即"Basic Polling Language"的简称。下面是用BPL描述的一项调查的第一部分：

```
Q1,5 What is your political party?
    1 Democrat
    2 Republican
    3 Other
Q2,6 For whom did you vote in 1984?
    1 Reagan/Bush
    2 Mondale/Ferraro
    3 Named Other Candidate
    4 Didn't Vote
    5 Don't Know
Q3,7 Where is your polling place?
    1 Named a place
    2 Did not name a place
Q4,8 In this election, are you
    1 Very interested
    2 Somewhat interested
    3 Not interested
```

以Q开头的行描述一个问题：例如，问题1存储在每个记录的第五栏里，它询问答卷人的政治党派。其后三行是问题的备选答案。问题下的答案使用缩进排版，便于阅读。

对于之前提到的3类不同程序来说，BPL是输入语言。

❑ **输入**：交互式程序可以根据BPL的描述自动执行调查并存放结果到数据库中。如果某组织使用纸质问卷，那么可以用"智能打印"程序读入BPL文件并准备全部复制，然后用一个数据入口程序描述记录格式。

- ❑ **确认**：根据BPL描述，程序可以保证所有问题都得到了回答并且答案全部有效。我们马上就会看到另一个小语言是怎样用来进行更精细的核对的。

- ❑ **建立表格并输出**：BPL描述把输入提供给程序，然后程序生成调查的最终报告。用户可以用另一种简单语言描述报告中出现的标题、哪些问题需要建立复合表，以及复合表的表头。

就像描述计算的Fortran语言能在许多机器上编译并执行一样，一个调查的BPL描述也可以被解释以执行多种不同的任务。

这里我忽略了很多细节，这些细节足以让调查程序变得相当复杂。例如，尽管问题的顺序是固定的，用户却可能希望它们的输入顺序不同（比如，按回答率由高到低排序）。马上我们就会看到一些别的细节。最初设计这一程序时，我拟定了多种方案，后来才发现这简直就是事倍功半：我永远也无法预料用户需要的所有选项，而且任何程序一旦想处理所有选项，那么代码必定会像老鼠窝一样杂乱无章。

于是我寻求更一般的机制来解决问题并最终利用一种被我称为伪栏目的结构完成了任务。"真"数据存放在输入记录的1~250栏中。每条记录被读取的同时，程序从251栏开始生成伪栏目。用户用另外一种小语言定义伪栏目。早先我们看到的BPL描述告诉我们栏目5包含政党信息，顺序依次为民主党、共和党、其他。要想把共和党打印在民主党之前，只需如下定义251栏：

```
define 251
  1 if 5 is 2   # Republican
  2 if 5 is 1   # Democrat
  3 otherwise   # Other
```

和Pic语言中一样，字符#引出注释。用户现在就可以引用251栏了：

```
Q1,251 What is your political party?
  1 Republican
  2 Democrat
  3 Other
```

另外一项常见任务是字段归并。比如，用户可能想将3个年龄范围21~25、26~30以及31~35归并成为一个范围21~35。假设第19栏包含以5年为一块的年龄信息，可以像下面这样创建252栏，使年龄范围粒度更粗：

```
define 252     # age, bigger lumps
  1 if 19 is 1     # below 21
  2 if 19 is 2,3,4 # 21-35
```

```
3 if 19 is 5,6,7  # 36-50
4 otherwise       # over 50
```

伪栏目在识别"高倾向性"投票人方面有一套更复杂的应用，这样的人在投票时最有可能暴露：

```
define 253    # 1 if high-propensity
  1 if 6 is 1,2,3 and 7  is  1 and 8 is  1,2
  2 otherwise
```

当且仅当应答者能够记得他或她在1984年的候选者（第6栏），能够说出他或她投票的地点（第7栏），并且对本次选举感兴趣（第8栏）时，上面定义的伪栏目才为1。这个例子给出了伪栏目最复杂的形式，类似于布尔代数中的"合取范式"。

伪栏目解决了我在设计阶段和其他从没想到过的阶段所能遇到的所有问题。尽管机制很全面，但实现起来却也容易。描述由一个90行的BASIC程序读取并存储，然后再由一个11行的BASIC程序进行解释。

除小语言外还有很多方法可以处理调查数据。在设计这个系统之前，我浏览了一本有关分析和处理公众意见调查的本科教材。作者阐述了输入、确认和建表的问题，并建议对每一项调查任务都从头写一个全新的程序。他们甚至提供了流程图和Fortran示例代码。这种方法在学校里可能会有用（它当然会给计算机科学专业的学生们带来工作），但对于一个小公司来说却是不可行的。

我曾认真考虑过去创建一个交互式程序。最初听起来很简单：提问、回答、下一问。随着探索的深入，我却发现自己几乎是在设计一个文本编辑器。（我想对问题35稍做改动。改哪部分？一个选项。哪个选项？3，可能，但请让我看看全部选项。哎哟，4。把"Smith"改成"Smythe"，其他选项不变……）最终我放弃了交互的方式，开始考虑用小语言来描述调查（并把编写工作留给了标准文本编辑器），于是工作有了进展。

一旦程序员决定了实现系统的大概方式，就剩下小语言设计的任务了。我为之工作的那家公司之前使用一个通用的制表程序，该程序从穿孔卡片中读取输入以及调查问题的数据库。之前描述的那项调查在该程序中将如下给出：

```
QS0053001What is your political party?
QS0063002For whom did you vote in 1984?
QS0073003Where is your polling place?
QS0083004In this election, are you
ST0052001Democrat
ST0052002Republican
ST0052003Other
ST0062001Reagan/Bush
```

```
ST0062002Mondale/Ferraro
ST0062003Named Other Candidate
ST0062004Didn't Vote
ST0062005Don't Know
ST0072001Named a place
ST0072002Did not name a place
ST0082001Very interested
ST0082002Somewhat interested
ST0082003Not interested
ST0054004Total Responses
ST0064006Total Responses
ST0074003Total Responses
ST0084004Total Responses
```

以"QS"开头的行描述问题，"ST"或"stub"行表示选项。那些神秘的2、3、4编码在我的程序中是通过伪栏目实现的。

各种小语言是不尽相同的。本例的小语言对程序员（他们写的汇编代码让你根本无法猜测其含义）而言很易用但却难为了一般用户。BPL语言几乎包含了同样的信息，格式却更合理。本例的描述中，全部问题写在全部答案之前，与机器的存储顺序一样。而BPL却按用户的想法来布局，答案直接放在相应的问题之后。本例所用的固定栏输入格式很糟糕，BPL的自由输入格式让人用着舒心。BPL为每个问题都提供了一行，专门放答案。

语言观点启发下得到的新程序比大型机上的老程序更易于使用。老程序使得雇员要花大概两天时间在卡片上打孔以描述一项调查，然后运行多台电脑来对其进行调试。同样的作业交给新程序来做只需要两个小时，而且多数输入都是第一次运行。

12.3 图片

每当那家公司进行一项调查时，很多数据就要被总结概括。以一个常见的政治研究调查为例，有800人参与，每人被问及70个问题。最终报告对每个问题都用一页纸来总结，其中会给出选不同答案的人数占全体和一些特殊分组的百分比，比如共和党、民主党、男性和女性。

尽管报告中许多细节都非常有意思，但报告的大小却成为许多读者的屏障。因此，报告需要有一个简短的"概要"。现在我来概述最初的概要和它新的图形化形式。

总结数据之前必须先判定什么是读者希望看到的。政客通常关心地理区域的支持率以及和过去的对比。本节集中讨论的方面在20世纪80年代中期曾引起很多媒体关注，即男性和女性政治观点上的"性别差异"。数据来自于1983年底新墨西哥州举行的一项800人参与的民意调查。

一系列问题都跟即将到来的1984年总统选举有关。竞选者有现任共和党总统罗纳德·里根以及几位可能的民主党候选人。（如果里根遇到的竞争对手是蒙代尔，你将选谁？如果遇到格林或哈特呢？）报告中长达几页的数据被概括到了一页打印表中：

```
                    Reagan        Democrat      Don't Know
Walter Mondale
    Total           49.4%         36.6%         14.0%
    Male            58.1%         30.3%         11.7%
    Female          40.6%         43.1%         16.4%
John Glenn
    Total           48.0%         38.4%         13.5%
    Male            54.6%         34.7%         10.7%
    Female          41.3%         42.1%         16.6%
Gary Hart
    Total           50.8%         28.4%         20.8%
    Male            58.1%         25.3%         16.6%
    Female          43.3%         31.5%         25.2%
```

表的第一行显示，在里根与蒙代尔的竞选情况下，49.4%的参与调查者会选里根，36.6%的人会选蒙代尔，其余14.0%未知。下一行给出了男性调查者的相应百分比。这些数据可以用一组条状图进行图形化显示：

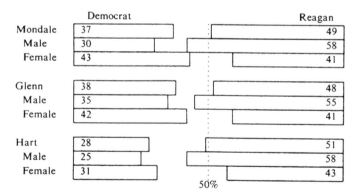

虚线代表能赢得选举的50%得票率。条带之间的空白代表了那"未知"的情况。

尽管事实通过两种方式描述，图还是凸显了一些趋势。首先，进行民意调查的当时当地，总统里根优势明显。其得票率刚好是全部参与调查者的50%左右。在男性选民中他具有压倒性优势，甚至在女性选民中他的得票率也与蒙代尔和格林相近并高于哈特。性别差异是明显的，这既可以从总统的支持情况看出，也能从女性的"未知"比例看出。

条状图并非最好的图形化显示手段，但在这里却很好用，因为几乎所有读者都熟悉它。其简单的形式让人们很容易用另一种小语言对其进行描述，并在一个廉价的击打式打印机上轻松实现，只要它具有图形字符集。

另外一系列问题要求参与调查者为几个被选举的官员的政绩打分。前一项调查的概要是用一个百分比的表格总结的，新的调查概要用下图给出：

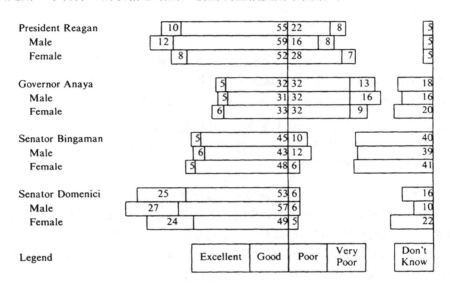

第二行显示，男性中12%认为总统里根的政绩是"杰出的"，59%认为"很好"，等等。被调查的两位参议员，只有2%或更少的人对其政绩评价为"非常糟糕"，因此这些回答就被合并到"糟糕"这一项中。

上面这一系列的条状图反映了几个趋势。Anaya州长在当时比较不受公众欢迎。Bingaman议员并不为公众所熟知，但在知道他的公众眼中其受欢迎程度很高。几乎所有参与调查者都对总统里根发表了意见而多数人对他的政绩表示满意。Domenici议员受到其选民的热情支持。调查中，仅有的性别差异似乎存在于对里根总统的看法以及对Domenici议员的"未知"比例中。

和其他数据一样，民意调查应放到特定上下文中理解。数据只反映了调查参与者的意见而且是特定时期的。取样本身就会引入错误。老报告的一句话说"大小为800的取样规模的置信区间为95%，上下浮动不超过3.4%。"新报告对此做了如下加强。

　我们用一百次计算机实验给出了取样过程。每次实验（通过计算机模拟）抛掷800次均匀硬币并记录头像出现次数的概率，这相当于从新墨西哥选取

800个投票人并按50%-50%的分布询问他们的意见。结果如下：

```
    <46.5% ( 0)
46.5-47.4 ( 1) X
47.5-48.4 (13) XXXXXXXXXXXXX
48.5-49.4 (22) XXXXXXXXXXXXXXXXXXXXXX
49.5-50.4 (21) XXXXXXXXXXXXXXXXXXXXX
50.5-51.4 (27) XXXXXXXXXXXXXXXXXXXXXXXXXXX
51.5-52.4 (11) XXXXXXXXXXX
52.5-53.4 ( 5) XXXXX
    >53.4% ( 0)
```

中间一行说明，100次实验中，头像出现的概率在49.5%~50.4%的有21次。70%的实验与真实情况的误差在1.5%之内，所有实验的误差都在3.5%之内，因此我们有理由期待民意调查有相似的精确程度。

老报告的概要一节包含大约十张百分比数据表，每张表占一页。新的概要分析也有十张表，但这回数据是图形化的。准备图比准备表更耗时：表只需秘书用两个小时来做而图却需要大约两倍的时间。

图值得用额外的两个小时来准备吗？内部分析人士认为：由于对图敏感，他们可以在一瞥之下看出数据的趋势。老客户同样认为图是有益的；很容易从视觉上将新图和原数据集合进行比较并显示过渡时期的重要变化。甚至一次性的客户在浏览一两分钟后也认为图是有用的。一个看得见的好处就是，这些图让报告看起来更让人兴奋。最终，公司在概要部分取消了所有的表并代之以图。

12.4　原理

第9章、第10章和第11章阐述了设计输入/输出的一般原则并给出了生动的例子。本章将同样的原则应用到稍显乏味的数据处理环境中，而结果对那家公司来说却决不乏味。

小语言。第9章的多数语言是由程序员设计的，而且也是为程序员设计的。程序员生活在语言之中，他们可以原谅随处可见的高难度语法，但他们却需要高度的可编程性。12.2节中的语言是为没有计算背景的人设计的。我更倾向于设计易学易用的语言。

图形化输出。第11章的多数图形只能在高级软件驱动的复杂打印机上打印出来。12.3节的条状图很容易就能在击打式打印机上打印出来，而这种打印机只卖几百美元。而且我坚持使用简单且为人所熟悉的图形，对用户可别使用对数刻度！

12.5 习题

1. 这些问题是关于BPL语言的。

   a. 书中的例子错误地假设问题或选项总是在一行之内给出。扩展语言使其能够解决多行文本的问题。

   b. 选项编号是多余的，因为它们总是以顺序1、2、3……出现。程序本可以提供编号，可为什么BPL语言却坚持要让用户来提供编号呢？

   c. 设计一个程序自动进行调查。比如，描述一种机制来保证"仅民主党人回答"的问题只问民主党人。

2. 12.2节的伪栏目使常见情况容易描述。用它来描述其他情况也是可能的，但会更麻烦一些。假设第25栏和第33栏都包含从1到4的数值，写一个伪栏目，使得这两个栏目数值相同时其值是1，否则是2。

3. 使用习题11.1中概述的技术对本章中的图进行改进。考虑如下问题。

   a. 媒介。图是数据最好的显示方式吗？11.5节引用了Tufte的*Visual Display of Quantitative Information*一书，该书179页认为，百分比"超表"更适合像民意调查这样的数据。（作者给出的表比本章给出的大得多，其中有410个百分数。）你认为哪种方式的表达更清晰？

   b. 样式。那家公司的一位员工重绘了12.3节中的第一张图，样式如下。新图和原图哪个更好？为什么？

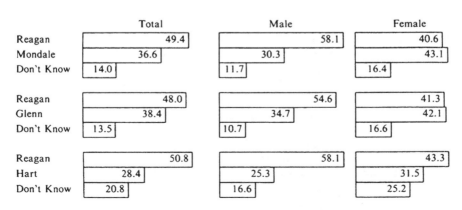

   c. 执行。该图最好的局部结构是什么样的？比如，条状图中的百分数有帮助吗？

第四部分　算法

航空工程师摆弄纸飞机，结构工程师摆弄筏木桥，我们程序员摆弄小的子程序。这些小的子程序有时候在实际程序中起作用，但更多的时候可以教授我们更多编程技艺。

《ACM 通讯》上曾有 3 个不同的讲程序的专栏。其中，"实例研究"（Case Studies）描述真实的计算机系统，例如，航班订票系统或美国宇航局的载人航天软件；"文学式编程"（Literate Programming）[1]展示能容纳在几页纸内的完整程序清单；而我的"编程珠玑"（Programming Pearls）栏目则包含对精微子程序的更详尽描述。

第 13 章描述 Bob Floyd 的随机组合与排列生成算法，第 14 章用数值分析技术开发出计算欧氏距离的高效子程序，第 15 章讨论有序集的基本问题，即选择集合中第 K 小的元素。

第 13 章最早发表于 1986 年 8 月的《ACM 通讯》，第 14 章发表于 1986 年 12 月，第 15 章发表于 1985 年 11 月。

本部分内容

- 第 13 章　绝妙的取样
- 第 14 章　编写数值计算程序
- 第 15 章　选择

---

[1] Literate Programming是Don Knuth于20世纪80年代提出的一种编程方式，其理念是计算机程序的编写应该像创作文学作品那样，把可读性放在重要位置。实践中通过将代码和文档放在特殊格式的同一源文件中实现。此处所说的专栏由贝尔实验室Chris van Wyk开设，从1987年到1990年，共5篇文章。——编者注

第 *13* 章

绝妙的取样

在纸牌游戏中，如果让计算机来发牌，该怎么做呢？如果给一副牌中每张牌指定从1到52的一个整数，就可以从1～52范围内"随机取样"5个整数来得到一手牌，例如：

```
4 8 31 46 47
```

（没有重复的数，这很重要；我想，黑桃A抓多了对人可不怎么好[①]。）随机取样也出现在各种不同应用中，如仿真、程序测试和统计学。

本章第一节回顾随机取样的几个标准算法。随后一节描述Bob Floyd的一个优雅的新算法（本章第一次在《ACM通讯》上发表的时候，Floyd的名字署在标题下标注为"特邀嘉宾"）。第三节描述Floyd如何扩展他的算法以产生整数随机排列。

13.1 取样算法一瞥

在产生随机样本前，先要设法产生单个随机数。假设函数RandInt(L,U)返回在$L..U$上均匀分布的一个整数[②]。

在不考虑重复的情况下，很容易产生$1..N$范围内M个整数的随机序列：

```
for I := 1 to M do
    print RandInt(1,N)
```

---

① 西方习俗中，黑桃A是不吉利的符号，有时代表死亡。——编者注

② 如果没有RandInt函数，可利用Rand函数写一个，表达式是$L+int(Rand×(U+1-L))$，Rand函数返回[0,1]区间上均匀分布的一个随机实数。在系统甚至没有Rand程序的罕见情况下，可参考Knuth的《计算机程序设计艺术，卷2：半数值算法》一书。但无论使用系统程序还是自己写，都要注意，RandInt返回值应在$L..U$范围内，超出这个范围则犯了低级错误。

当用*M*为12、*N*为3来调用这段程序时，代码生成以下序列：

```
3 1 3 3 1 1 1 1 2 1 2 1 3 1
```

这个序列可以在下一次玩"石头-剪子-布"游戏时派上用场。更严肃的应用包括测试有穷状态机和测试排序程序（见3.3节）。

但许多应用都要求随机样本中没有重复元素。例如，统计分析中，重复两次观察同一个元素，可能造成工作上的浪费。这类样本通常被称作"无重复样本"或"组合"。在本章其余部分中，"样本"这个词就表示无重复元素的随机样本。5.2节的解答3描述了这种程序的一个应用。

许多取样算法基于下列伪代码，称之为算法S。

算法S

```
initialize set S to empty
Size := 0
while Size < M do
    T := RandInt(1, N)
    if T is not in S then
        insert T in S
        Size := Size + 1
```

这个算法把结果保存在集合*S*中。如果*S*的实现正确，并且`RandInt`产生随机整数，那么这个算法生成随机样本。即，每个*M*元子集的概率都是$1/\binom{N}{M}$。循环不变式是：*S*总是包含1..*N*范围内*Size*个整数的随机样本。

在集合*S*上有4个操作：初始化为空、测试是否包含一个整数、插入一个新整数以及打印所有元素。《编程珠玑》第1版的第11章概述了用来实现集合*S*的算法和5种数据结构：位向量、无序数组、有序数组、二分搜索树以及箱。该章还描述了其他几种取样算法，见习题9。

13.2　Floyd 算法

算法S有许多优点：正确、相当高效、非常简洁。事实上，算法S好得让我认为不能再改进了。因此我就在某一专栏里详细描述了算法S。

不幸的是，我错了；好在Bob Floyd发现了我的错误。在研究算法S的时候，他发现当 *M* = *N* = 100 时明显存在一个缺陷。当 *Size* = 99 时，集合*S*缺一个整数。算法闭着眼睛乱猜整数，直到偶然碰上正确的那个为止，这平均需要猜100个随机数。这个分析假设随机数发生器是真正随机的。对于某些非随机序列，这个算法甚至不会停止。

Floyd开始寻找一个算法，对于S中每个随机数只恰好调用一次RandInt。Floyd算法的结构很容易递归地理解：为了从1..10中产生一个5元素样本，首先从1..9中产生一个4元素样本，然后加上第5个元素。这个递归算法概述为算法F1。

算法F1
```
function Sample(M, N)
    if M = 0 then
        return the empty set
      else
        S := Sample(M-1, N-1)
        T := RandInt(1, N)
        if T is not in S then
            insert T in S
          else
            insert N in S
        return S
```

我们用举例的方式来验证一下算法F1的正确性。当$M = 5$且$N = 10$时，算法先递归地在S中计算1..9范围内的一个4元素随机样本，然后给T指定一个1..10内的随机整数。在T的10个可能取值中，恰好有下列5个值使得10被放入S中：S中已有的4个值以及10本身。因此，元素10以5/10的正确概率被放入S中。下一节证明算法F1以等概率生成N元集的任一M元样本。

由于算法F1采用受限递归形式，Floyd可以通过引入一个新变量J将其改写成迭代形式。（习题8和3.2节更一般地讨论了递归消除问题。）结果就是算法F2，比算法S更有效率，但几乎同样简洁。

算法F2
```
initialize set S to empty
for J := N - M + 1 to N do
    T := RandInt(1, J)
    if T is not in S then
        insert T in S
      else
        insert J in S
```

习题2和习题3讨论了可能用于实现集合S的数据结构。

有些读者可能会嘲笑算法F2"只是伪代码"，别急，下面的程序用Awk语言实现了Floyd算法。第2章描述的关联数组提供了集合S的一种简洁实现。Awk中的ARGV数组允许程序访问命令行参数，所以键入sample 200 1000就能产生1~1 000范围内200个元素的样本。加上输入和输出语句，Awk程序只需要8行：

```
BEGIN { m = ARGV[1]; n = ARGV[2]
        for (j = n-m+1; j <= n; j++) {
            t = 1 + int(j * rand())
```

```
            if (t in s) s[j] = 1
            else s[t] = 1
        }
        for (i in s) print i
    }
```

13.3　随机排列

　　一些使用随机样本的程序要求样本的元素以随机的顺序出现。这样的序列被称为无重复的随机排列。例如，在测试一个排序程序的时候，随机产生的输入必须以随机的顺序出现；如果输入总是有序的，那么可能不能充分地测试排序代码。

　　我们可以利用Floyd算法F2产生一组随机样本，然后把它复制到一个数组中，最后打乱数组中元素的顺序。这段代码用于随机地打乱数组 $X[1..M]$ 的顺序：

```
for I := M downto 2 do
    J := RandInt(1, I)
    Swap(X[J], X[I])
```

这个只有三个步骤的方法调用了RandInt函数$2M$次。

　　当本章原来在《ACM通讯》上发表后，几位读者发现上面的伪代码经过小的修改后，能够从1..N的整数中产生M元随机排列并放入$X[1..M]$中：

```
for I := 1 to N do
    X[I] := I
for I := 1 to M do
    J := RandInt(I, N)
    Swap(X[J], X[I])
```

这个算法很容易实现成代码，但是它需要$O(N)$的运行时间和$O(N)$的空间。下面我们会看到，Floyd的算法在N相对于M比较大的时候，相比之下会更有效率。

　　Floyd的随机排列产生器与他的算法F2类似。为了产生1~N内的一组M元排列，它会先从1~N-1中产生一组M-1元的排列。（算法的递归版本中没有变量J。）但是，排列产生器的主要数据结构是序列而非集合。下面是Floyd的算法P。

> **算法P**
> ```
> initialize sequence S to empty
> for J := N - M + 1 to N do
>     T   = RandInt(1, J)
>     if T is not in S then
>         prefix T to S
>      else
>         insert J in S after T
> ```

从习题5可以看出，算法P在随机位的使用上尤其高效。习题6讨论了序列S的高效率实现。

我们可以从算法在$M = N$时的行为得到关于算法P的直观的感觉，此时算法生成N元的随机排列，其中J从1到N循环。在执行循环体之前，S是一个$1\sim J-1$的整数的随机排列。循环体把J插入到序列中仍然保持了这一点；当$T = J$时，J成为第一个元素，否则J被随机放置于已经存在的$J-1$个元素的某一个之后。

一般地，算法P以等概率生成$1\sim N$内的每一个M元排列。Floyd对于正确性的证明用到循环不变式：第i轮循环后，$J = N-M+i$且S可能是$1\sim J$中i个不同整数的任意排列，并且只有一种途径可以生成这个排列。

Doug McIlroy发现了一种优雅的方式来说明Floyd的证明：对于任何一个排列，有且仅有一种途径来生成它，因为算法是可以逆推的。例如，假设$M = 5$，$N = 10$，且最终的序列为

```
7 2 9 1 5
```

由于10（J的最终取值）不在S中出现，所以之前的序列肯定是

```
2 9 1 5
```

且RandInt返回值为$T=7$。又因为9（相应的J的值）出现在4元序列中的2之后，所以之前的T是2。习题4说明了可以类似地恢复出整个随机数序列。由于假定了所有的随机序列是以相同的可能性出现的，于是所有的排列也同样是等概率的。

我们现在可以利用与算法P的相似性来证明算法F2。在算法的每一步，算法F2中的集合S和算法P中的序列S所含的元素是相同的。因此，$1\sim N$的每一个M元子集都由$M!$个随机序列生成，于是它们是等概率的。

13.4 原理

算法S是一个相当好的算法，但是在Bob Floyd看来还不够好。因为对它的效率不够满意，他设计了生成随机样本和随机排列的优化算法。他的程序是效率、简洁和优雅的典范。13.6节描述了一些Floyd用来完成这些程序的方法。

13.5 习题

1. 如果RandInt函数并非随机的，这些算法的行为会如何？例如，考虑随机数发生器总是返回0，或者其周期范围相对于M或N非常小或者非常大。

2. 描述算法F2中集合S的高效的实现方式。

3. 算法S和F2都用到集合S。在一个算法中高效的数据结构，在另一个算法中一定也高效吗？

4. 通过说明如何从最终生成的排列得到产生它的随机整数序列，来完成算法P的正确性证明。

5. 算法P使用了多少个随机位？试说明这已经相当接近最优情况了。对算法F2进行类似的分析。你能找到更有效的算法吗？

6. 给出序列S的实现方式，使得算法P的平均时间代价为$O(M)$，最坏情况时间代价为$O(M \log M)$。你的实现在最坏情况下需要$O(M)$的空间。

7. 用你最喜欢的编程语言实现Floyd的算法。

8. 算法F2是递归算法F1的循环版本，有许多通用的方法可以将递归的函数转化成等价的循环形式。有一种方法常常用递归的阶乘函数来说明。考虑如下这种形式的一个递归函数：

```
function A(M)
    if M = 0 then
        return X
      else
        S := A(M-1)
        return G(S, M)
```

其中M是整数，S和X具有相同的类型T，函数G把一个T类型数据和一个整数映射到一个T类型数据。说明该函数如何转化成下面的循环形式：

```
function B(M)
    S :=X
    for J := 1 to M do
        S := G( S, J)
    return S
```

9. 研究生成随机样本的其他算法。

13.6　深入阅读

　　Robert W. Floyd在1978年获得了ACM图灵奖。在他的图灵演讲稿"The Paradigms of Programming"（程序设计的范型）中，Floyd写道："在我自己设计困难算法的经验中，我发现了一个扩展自己能力的方法。一个具有挑战性的问题解决后，我从头再做一遍，回顾之前的方法中的闪光点。我重复这样做，直到解决方法如我所希望的那样明确和直接。然后我考虑类似问题的通用准则,这将促使我在起初的时候最有效地来解决问题。通常,这样的法则具有永久的价值。"

对于这个问题,Floyd的关键法则是(用他自己的话说):"在你想出一个算法来解决它之前,先寻找答案的数学特征。"他关注算法生成某个特定子集的概率。在Floyd计算算法S中事件的概率时,他注意到分母是N的幂,而解答中的分母是阶乘。他的算法用到了一个简单的结构来得到正确的概率。在最终想出算法P的时候,他回忆道:"在我证明它之前,我就知道它是正确的了。"

Floyd的1978年图灵奖演讲最初发表在1979年8月的《ACM通讯》上,它也被收入 *ACM Turing Award Lectures: The First Twenty Years: 1966~1985* [1]一书中,由ACM出版社于1987年出版。

---

① 该书中译版已由电子工业出版社出版,中文书名《ACM图灵奖演讲集——前20年(1966~1985)》。
——编者注

第 14 章

编写数值计算程序

行内的人给它起了个好听的名字叫"数值分析",对于大多数程序员来说,数值计算这个领域很像管道工的活儿:我们经常用,但不去想太多细节,除非有东西出了问题。

我曾经也抱有这样有些过时的观点,后来一门很好的数值分析课程纠正了我的观点,这门课程向我展示了这个领域的优雅。我对这门学科的评价从"丑而无用"改变为"美而无用"。但是,程序库中已经有了很好的数值程序,为什么我还要自己再来写一个呢?

最近我高兴地发现,即使对于一个像我这样的外行来说,数值分析也是有用的。本章讲述我如何利用一些基本的技术来编写简单的数值例程。我专门针对手头问题编写了一个函数,用来代替库函数。代码从五行增加到了十几行,但是程序变快了三倍,这使得一个大程序的运行速度提高了一倍。

14.1 问题

我曾编写过一个用于计算旅行商漫游点集的程序。这个有上千行的程序运行时间报告(如第1章所述)显示,有约80%的时间都用在了一个5行的用于计算距离的例程上。问题要求计算K维空间中点与点之间的欧氏距离。例如,三维空间中的点(a_1, a_2, a_3)和(b_1, b_2, b_3)之间的距离是:

$$\sqrt{(a_1 - b_1)^2 + (a_2 - b_2)^2 + (a_3 - b_3)^2}$$

程序1计算了用向量$A[1..K]$和$B[1..K]$表示的点之间的距离。

程序1

```
Sum  := 0.0
for  J := 1 to K do
```

```
      T := A[J] - B[J]
      Sum := Sum + T*T
return sqrt(Sum)
```

程序1的优点是简单：它很容易理解。但它也有一些缺点。例如，即使所有的输入、中间计算的差以及输出都在有效范围内，它也可能产生溢出。假设机器能够表示的浮点数上限为10^{30}，考虑计算$(0, 0)$和$(3\times10^{20}, 4\times10^{20})$之间的距离，结果是$5\times10^{20}$。但是，$0-3\times10^{20}$这个差值的平方为$9\times10^{40}$，会产生溢出。这个问题，以及类似的下溢出的问题对于手头的程序是无关紧要的。上下文保证了差不会太大或者太小。

程序1的另一个问题是它的开销比较大，至少在一台VAX-11/750上用C语言实现的时候是这样的。7.2节概述了该软/硬件系统的性能：算术运算的开销，从整数加法的3.3微秒到浮点数除法的15.7微秒。当$K=2$的时候，程序1需要漫长的1 140微秒来计算平面上一对点之间的欧氏距离。进一步的测试（如同7.2节中所描述的）表明，其中耗时最长的部分是计算平方根，这需要约940微秒。

我的目标是提供更快速的用于计算距离的例程。第5章的习题4举例说明了一种在许多应用程序中所使用的方法：我们仅从程序1中去掉sqrt的调用。如果只需要对距离的大小进行比较，那么由sqrt的单调性可以知道它是多余的。但是对于我们这里的问题，不能使用这个方法——我需要比较距离的和。因此，我寻求一个K维欧氏距离的计算函数，它具有下面这些性质。

❑ 定义域：K在1..16的范围之内（通常为2、3或4）。点的坐标是单精度的。

❑ 精度：单精度的输出应该精确到十进制的最后一位，或者相对精度约为10^{-7}。

❑ 健壮性：假设输入是规则的。上溢出和下溢出不是主要关心的问题。

❑ 性能：程序应该尽可能地快。

本章接下来的部分将主要讲述一个具有这些性质的例程。习题17描述了一个精确而且健壮的算法，但是稍慢一些。

14.2　牛顿迭代

数值分析家发展出了许多技术用来寻找函数的零点（根）。给定一个函数$f(x)$，它的零点是一个实数r，使得$f(r) = 0$。为了计算$\sqrt{a}$我们可以寻找$f(x) = x^2 - a$的一个零点；如果$r^2 - a = 0$，那么$r = \sqrt{a}$。因此，如果我们能够找到零点，我们就能计算平方根了。

那么我们怎样找到函数的零点呢？我们可以利用我们的老朋友：二分搜索。如果

$a \geqslant 1$，那么 $\sqrt{a}$ 在范围 $[1, a]$ 内。我们可以每次把这个区间切成两半，直到得到 $\sqrt{a}$ 的满意的近似值。例如，当 $a = 4$ 时，我们会依次检查区间 $[1, 4]$、$[1, 2.5]$、$[1.75, 2.5]$、$[1.75, 2.125]$……数值分析家称这种方法为对分法，每一步都增加一位精确数字。

一个更好的方法是艾萨克·牛顿发明的。应该说牛顿是一位英国计算机科学家，当然，他也涉足数学和物理领域。他的方法并不显式地计算区间，而是从一个猜测的 x_0 开始，生成一个逼近序列 x_1, x_2, x_3,… 为了生成 x_{i+1}，我们需要知道 $f(x_i)$ 和它的导数 $f'(x_i)$。然后我们作 x_i 处的切线，使它与 x 轴相交：

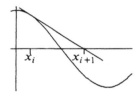

直观上，我们在局部用具有相同的 y 值和斜率的直线来近似原来的函数。数学上，我们这样计算出下一个迭代：

$$x_{i+1} = x_i - f(x_i) / f'(x_i)$$

因此，为了能用牛顿迭代，我们必须能够计算函数的值和它的导数。

为了计算 $\sqrt{a}$，我们求解 $f(x) = x^2 - a$ 的零点，而 $f'(x) = 2x$。故牛顿迭代的公式为

$$\begin{aligned} x_{i+1} &= x_i - (x_i^2 - a) / 2x_i \\ &= x_i - x_i / 2 + a / 2x_i \\ &= (x_i + a / x_i) / 2 \end{aligned}$$

从直观上观察公式为什么有效，可以看到如果 x_i 很小，那么 a/x_i 会很大，两者的平均是比较好的估测。（学校里的孩子称之为"除然后求平均"技术。）因此，一旦我们到达了最终结果，我们就不会离开它了：如果 $x_i = \sqrt{a}$，那么

$$x_{i+1} = (\sqrt{a} + a / \sqrt{a}) / 2 = \sqrt{a}$$

下面是牛顿迭代求 $\sqrt{2}$ 过程中一步的图形化表示，其中 $a = 2$，$x_0 = 2$，且 $x_1 = (2 + 2/2) / 2 = 1.5$：

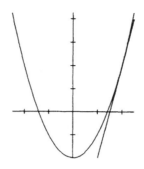

插图暗示了这种方法的收敛速度之快，但是不能用图形来说明这一点。下面是x_i序列中接下来的几项：

```
2.0000000000000000
1.5000000000000000
1.4166666666666667
1.4142156862745098
1.4142135623746899
1.4142135623730951
```

这些值是用答案6中的简单的"脚手架"程序计算的。最后的结果精确到16位小数。

14.3 良好的起点

牛顿迭代的基本思想就说到这里。在我们动手设计程序之前，还有下面两个问题。

（1）x_0的初始值选择多少合适？

（2）把x_i作为最后结果之前，应该进行多少次迭代？

我们会在下一节中探讨第二个问题，本节我们专注于第一个问题。

上一节的例子表明牛顿的方法收敛速度很快。每一次迭代都会使精确位数翻倍。因为第$i+1$步的误差是与第i步的误差的平方成比例的，数值分析家称之为"平方收敛"。牛顿迭代通常都具有这一性质，前提是两个条件成立。第一个条件是导数不接近零。对于平方根，如果我们把$\sqrt{0}$作为特殊情况对待，那么可以认为这一点始终是成立的，但是对于其他的函数可能会有些困难。

平方收敛的第二个条件是，初始的猜测值必须足够接近最后的根。如果当前值与平方根相差很远，那么牛顿方法每次迭代时只能给出一位精确数字。下面是从1 000开始收敛到$\sqrt{2}$的过程：

```
1000.0000000000000000
 500.0010000000000000
 250.0024999960000100
 125.0052499580004700
  62.5106246430170320
  31.2713096020621940
  15.6676329948683660
   7.8976423478563581
   4.0754412405194990
   2.2830928243925538
   1.5795487524060154
   1.4228665795786682
   1.4142398735915306
   1.4142135626178485
   1.4142135623730951
```

注意，对于一些表现得不那么好的函数，如果从与根相差很大的数值开始计算，牛顿方法甚至可能不收敛。

大多数通用的平方根例程利用一些"魔法"来选定一个初始值，例如提取一个浮点数的指数的位域，然后将其折半来近似估计平方根。（在某些应用中，利用上一次计算出来的平方根是比较有效的，见习题9。）在计算距离的函数中，我们可以利用其他的信息来猜测初始值。例如，当K为2时，我们要计算的是$a = \sqrt{b^2 + c^2}$：

我们可以用b和c中较大的一个（在上图中是b）作为初始猜测值x_0。这样，我们得到下面的不等式

$$c \leqslant b \leqslant a = \sqrt{b^2 + c^2} \leqslant \sqrt{2 \times b^2} = \sqrt{2} \times b$$

因此，我们知道a在区间$[b, \sqrt{2} \times b]$内。

对于更高维的情况，我们将使用所有的差之中的最大值作为初始估计值，称之为D。距离至少为D，并且K个差的平方和至多为$K \times D^2$，因此，距离应当在区间$[D, D\sqrt{K}]$内。

14.4 代码

我们现在能够写一个计算欧氏距离的程序了。它用差的最大值作为初始值，并且一直迭代到连续的两个值足够接近：直到$|x_{i+1} - x_i| / x_{i+1}$不大于千万分之一，这与我的机器上单精度型的精度相关。下面是程序2。

程序2

```
T := abs(A[1] - B[1])
Max := T; Sum := T*T
for J := 2 to K do
    T := abs(A[J] - B[J])
    if T > Max then Max := T
    Sum := Sum + T*T
if Sum = 0.0 then return 0.0
/* find sqrt(Sum), starting at Max */
Eps = 1.0e-7
Z   := Max
loop
    NewZ  := 0.5 *  (Z + Sum/Z)
    if abs(NewZ-Z)  <= Eps*NewZ then break
    Z := NewZ
return NewZ
```

本节末的一张表列出了本章所讨论的所有程序的运行时间。表中显示，当$K = 2$的时候，程序2比程序1快大约56%：新的平方根代码实际上比系统程序更快。但是当$K = 16$时，程序2只比程序1快大约1.5%：此时的瓶颈不是平方根，寻找最大差的过程抵消了新的平方根求解程序所省出的时间中的大部分。幸运的是，问题的详细说明中指出K通常比较小。

有两种途径可以改进程序2。我们从加速求根程序开始，然后简短讨论一下计算最大差。现在的版本迭代直到所得的值足够接近；下一个版本将会做固定次数的迭代，这个次数保证产生收敛。这将减少如下开销：循环、收敛测试以及计算最后一次的迭代与前一次是否足够接近。

那么，我们需要多少次迭代呢？详细说明中指出$K \leqslant 16$，并且我们必须计算到单精度的准确度。由于$K \leqslant 16$，我们知道距离至多为$\sqrt{16} \times D$（这里D是最大的差Max），因此在区间$[D, 4D]$内。看起来这个区间的几何平均值$2D$是一个不错的初始值。我利用我的脚手架程序测试了从这个中点到区间边界的收敛情况。我先从2开始，计算$\sqrt{1}$：

x	abs(x-1.0)/1.0
2.0000000000000000	1.0000000000000000
1.2500000000000000	0.2500000000000000
1.0250000000000000	0.0250000000000000
1.0003048780487805	0.0003048780487805
1.0000000464611473	0.0000000464611473
1.0000000000000011	0.0000000000000011
1.0000000000000000	0.0000000000000000

在接下来的实验中，我从相同的起点2开始，计算$\sqrt{16}$：

x	abs(x-4.0)/4.0
2.0000000000000000	0.5000000000000000

```
5.0000000000000000        0.2500000000000000
4.1000000000000000        0.0250000000000000
4.0012195121951220        0.0003048780487805
4.0000001858445894        0.0000000464611473
4.0000000000000043        0.0000000000000011
4.0000000000000000        0.0000000000000000
```

因为牛顿迭代是线性的，所以这两个例子可以说明任何从2D开始，计算$\sqrt{D^2}$和$\sqrt{16D^2}$的情况。习题15证明这两个极端情况实际上是收敛最慢的两种情形。从右边的列中看出，在第一步之后，两个输入得到的相对误差是一样的。这个过程在第四步之后得到所要求的七位精确数字。因此，当$K \leqslant 16$时，将程序2中的循环展开四次就可以计算出精确结果了。程序3的第一部分和程序2一样。下面只给出程序3的最后几行。

程序3
```
/* compute sqrt(Sum), starting at 2.0*Max */
Max := Max * 2.0
Max := 0.5 * (Max + Sum/Max)
Max := 0.5 * (Max + Sum/Max)
Max := 0.5 * (Max + Sum/Max)
return 0.5 * (Max + Sum/Max)
```

这个程序的速度在$K = 4$的时候大约是程序2的两倍。习题11提出了一个进一步加速计算平方根的方法：利用查表获得更好的初始猜测值。上面例子表明，如果我们能够使相对误差降低到2.5%，那么再做两步迭代就能够满足单精度的要求了。

最后的改进不涉及数值分析的高深内容，而是一些关于编写代码的技巧。第一个是针对C语言的。实际的程序和测试程序都实现了一个二维向量，用于存放每个点的浮点数坐标。最终的程序引入了两个新的变量，它们指向需要比较的两个欧几里得点，这样，就用K个一维向量的引用来替换了K个二维向量的存取。第二个技巧在习题10中作了描述，它利用到了一个代数恒等式。由于这些加速与实现的语言相关，所以对于程序4，给出的是运行时间而非伪代码。

在下面的表中对这些程序做了总结。从程序1到程序4，加速比在$K = 2$时为3.5，$K = 4$时为2.8，$K = 16$时为1.9。

程序序号	微秒		
	$K = 2$	$K = 4$	$K = 16$
1	1 140	1 270	2 030
2	730	990	2 000
3	350	500	1 340
4	330	450	1 070

14.5 原理

距离计算在许多程序中是主要负荷。新的距离程序使我的1 000行的旅行商程序速度翻了一倍,并且对于其他几何程序也有类似的加速效果。除了得到一个有用的程序之外,这次的锻炼也揭示了几个通用的原则。

上下文环境的重要性。得到一个快速的距离程序的过程受到许多因素的影响。例如,本章中所描述的大部分工作,对于一个具有硬件平方根指令的系统可能是适得其反的。对于较大的K值(如1 000),平方根的开销就变得次要了。对于$K = 2$(即平面上的点),习题17中所述的方法往往比程序4更快而且总是更健壮。因此,在开始编写代码之前,必须知道关于上下文环境(使用环境)的许多细节。

牛顿迭代。这个技术通常被数值分析家使用,但它有的时候即使对于普通的程序员也是有用的——见习题1。

编写代码的技巧。尽管大的改进通常归功于算法的改变,但是代码的小的改进也能减少运行时间。在本例中,循环展开是有效的:它去掉了循环、收敛测试和一次多余的迭代。其他的技巧包括利用代数变形、优化数组引用以及将预先计算的结果存储在表中(见习题10、11和12)。

库函数的作用。使用优秀的库是令人愉快的。许多库提供了精确和健壮的代码。但是,最好记住,没有哪个库对于所有的用户都是最好的。在本例中,在特殊的上下文环境中针对特殊目的设计的代码比通用的程序更有效。为了换取速度,需要牺牲可复用性和数值精确度。这在工程上是明智的选择。

14.6 习题

1. 你的库平方根函数只提供单精度准确度,但是应用需要双精度的。你会怎么做?

2. 在一个手掌计算器上,反复地将一个数开平方,然后再把结果平方回来。关于计算器,你从中能知道什么?

3. 牛顿方法在$f'(x) = 0$的时候无效,计算平方根$\sqrt{0}$的时候会出现这种情况。如何用牛顿方法,从初始值$x_0 = 1$开始计算$\sqrt{0}$?算法在计算一个接近零的正数的平方根时也有类似的问题吗?

4. 研究你的系统提供的平方根程序。如果它使用了牛顿方法,那么它的初始值是多少,做了多少次迭代?

5. 有些计算机有快速的硬件乘法器但是没有硬件除法器。它们用乘法的逆运算来实现除法。试说明如何用牛顿方法，通过求 $f(x) = a - 1/x$ 的零点来计算 $1/a$。尝试用牛顿方法求3次方根，或者任意多项式的根。

6. 实现一个牛顿迭代的"脚手架"程序。它的输入包括一个数（要求它的平方根）、一个初始值以及迭代的次数。程序提供默认值，它的输出是值和相对误差的变化过程表。

7. 在你的系统上实现程序1、2、3和4。你如何测试它们的正确性？建立一个测试台来给它们计时。你的结果与本章中所给结果相比如何？

8. [J. L. Blue] 本章忽略了在差的平方相加时的上溢出和下溢出问题。写一个能够处理这些问题的程序。

9. 常见的启发式方法使用上一次计算出来的平方根作为下一次牛顿迭代的初始值。在一个应用程序中测试这个方法。它平均需要多少次迭代？与其他的初始值相比如何？

10. 程序3中将Max加倍，在下面的语句中又将它减半。用代数恒等式来加速下面的语句：

```
Max := Max * 2.0
Max := 0.5 * (Max + Sum/Max)
```

11. 查表可以用空间换取运行时间。如何用这个技术来计算一个好的初始值？如果平面点集的x和y坐标都在0~9 999，你如何查表计算欧氏距离？

12. [A. Appel] 试说明程序2中用于计算Max的K个绝对值是如何能够只用一个单精度绝对值替换的？（提示：保存当前所访问过的最大平方值。）

13. 硬件设计师们发现，具有类似效率的除法和平方根部件所需的硬件数量也是类似的。试通过描述一个程序，说明在软件中平方根也和除法差不多难。该程序用来计算 $\sqrt{2}$，精确到百万位小数。

14. [S. Crocker] 对有限的精度的考虑使许多程序变得复杂，但是却使这个平方根程序特别地简单：

```
X :=  1
loop
    NewX := 0.5 * (X + A/X)
    if NewX = X then return NewX
    X := NewX
```

在你的机器上，它对于所有非零的输入A都收敛吗？在任意机器上呢？（要得到一个较好的初始值，见习题9。）

15. [M. D. McIlroy] 在有限区间内，用牛顿方法求平方根的最佳初始值是什么？设n是一个自然数，且a、b和r为满足$0 < a \leqslant r \leqslant b$的实数；设$R = r^2$。给定$n$、$a$和$b$，我们希望对牛顿迭代$x_{i+1} = (x_i + R/x_i)/2$选择一个初始值$x_0 = x$，以最小化最坏情况下的相对误差：

$$\max_{a \leqslant r \leqslant b} |x_n - r|/r$$

试说明不论n如何取值，最佳选择都是$x_0 = \sqrt{ab}$。

16. 习题15确定了牛顿迭代的最佳初始值。如果把迭代次数看作维数（K）和所期望的精度的函数，那么所需的迭代次数是多少呢？

17. Moler和Morrison描述了一个快速、健壮而且短小的算法来计算$\sqrt{P^2 + Q^2}$（见 *IBM Journal of Research and Development* 第27卷第6期577~581页的 "Replacing Square Roots by Pythagorean Sums" 一文，发表于1983年11月）。他们的算法可以描述如下：

```
P := abs(P); Q := abs(Q)
if P < Q then Swap(P, Q)
if P = 0.0 then return Q
repeat IterCount times
    R := Q / P
    R := R * R
    R := R / (4 + R)
    P := P + 2*R*P
    Q := Q * R
return P
```

它的3次收敛意味着，2次迭代之后结果有6.5位精确数字，3次迭代之后有20位，4次之后有62位。它的中间结果避免了上溢出和下溢出。

a. 在一个子程序中利用这段代码来计算平面欧氏距离。当$K = 2$时，它的运行时间与程序3相比如何？

b. 利用这个程序，你如何计算K维欧氏距离？当$K = 1\,000$时，你的代码需要多长时间？这与程序3相比又如何？

18. 在一个能够同时进行P个算术运算的并行处理器上，你如何设计一个计算欧氏距离的程序？

14.7　深入阅读

有很多出色的数值分析教科书。对于你来说，哪本最好取决于你对深度和广度的要求，以及你对数学和编程的兴趣。

14.8　数值算法的力量（边栏）

本章的大部分内容，即使对于一个业余人员也只需要几小时，但是用到的技术却是几十年到几个世纪中成熟起来的。我们现在把话题转到一个更能体现数值分析领域重要性的故事。每个人都知道在过去的几十年中，计算机硬件所取得的巨大进步。本节将会展示数值分析如何令人满意地保持着相同的节奏前进（但是在流行刊物上的吹捧却比较少）。

在John Rice的*Numerical Methods, Software, and Analysis*（由McGraw-Hill出版社于1983年出版）的10.3.C节，他记叙了三维椭圆偏微分方程的算法历史。这样的问题出现在各种各样的地方，如仿真、超大规模集成电路（VLSI）设备、油井、核反应堆和机翼螺旋桨。那段历史中的一小部分（大多数但不是全部来自Rice的书）在下面的表中给出。运行时间给出了解决一个 $N \times N \times N$ 的网格中的问题所需的浮点运算的次数。

方法	年份	运行时间
高斯消元法	1945	N^7
SOR 迭代 （非最优参数）	1954	$8N^5$
SOR 迭代 （最优参数）	1960	$8N^4 \log N$
循环约化	1970	$8N^3 \log N$
Multigrid方法	1978	$60N^3$

SOR代表successive over-relaxation（逐次超松弛法）。Multigrid算法的 $O(N^3)$ 运行时间是最佳结果的常数倍，因为问题本身的输入规模就有那么多。即使用1970年的算法，计算结果所需的时间通常也比读取输入所需的时间少。因此，后来对于该问题的研究就专注于在求解病态方程时的数值健壮性。

用于计算的硬件也有了巨大的改进。这张表给出了几种超级计算机，它们在各自的时代都是最强大的计算引擎。

机器	诞生年份	每秒百万次浮点运算
Manchester Mark I	1947	0.000 2
IBM 701	1954	0.003
IBM Stretch	1960	0.3
CDC 6 600	1964	2
CDC 7 600	1969	5
Cray-1	1976	50
Cray-2（评测；单CPU）	1985	125

　　性能是用每秒百万次浮点运算来度量的。我已经尝试把真正的浮点运算之外的其他指令都计算在内了。尽管任何这样的表格都是值得怀疑的，但是我认为上面表格中没有哪一项的误差系数会超过2。

　　为了比较硬件和软件的加速，让我们来解决一个简单的问题：泊松方程，其中 $N = 64$。下图中，底部的曲线说明了在不同的硬件上运行1945年的算法得到的硬件改进，中间的曲线是在1947年的硬件上运行各种算法得到的。最上面的曲线表示结合起来的加速。

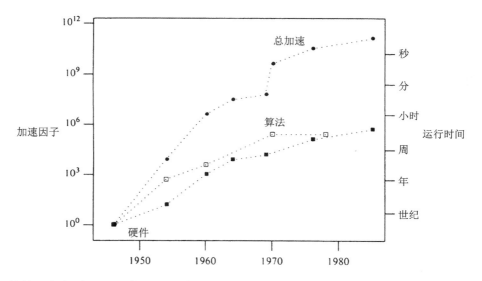

　　算法30年加速了25万倍，而硬件40年加速了50万倍。两种加速各自都可以把运行时间从几个世纪降低到几小时。合在一起，它们的效果相乘使得运行时间不到一秒。

第 *15* 章

选择

假设你有一个101人的身高表，那么就不难找到表中最高或者最矮的人，但是你如何找出最中间的人呢（当然，就身高而言）？也就是说，你如何找到那个比50个人高，并且比50个人矮的人？

下一节描述了本章的中心问题：从一个N元集合中选出第K小的元素。接下来的一节得到了一个解决该问题的程序，再下面一节分析了它的运行时间。

15.1   问题

这是从一个标题为"美国各州人口密度"的表中摘录的，该表给出了1980年每平方英里（1平方英里＝2.59平方公里）人口数量。

名称	人口密度
西弗吉尼亚	80.8
北卡罗来纳	120.4
弗吉尼亚	134.7
宾夕法尼亚	264.3
纽约	370.6
马里兰	428.7
康涅狄格	637.8
新泽西	986.2
哥伦比亚特区	10 132.3

如果你必须从中选出一个"典型的"人口密度来描述这9个相邻的州，那么你会选哪个呢？其数学平均值是1 461.8；但是这看起来似乎太高了：它比这9个州中的8个都要高。纽约州这个"中间"值370.6似乎更有代表性，它是9个中第5大的。统计学家称一个$2M+1$元集合中的第$M+1$小的元素为中位数，即它的第50个百分位数。在本

163

章的后面，我们会用到中位数或者其他百分位数来分析选择算法的运行时间。

计算机科学家在许多"分治"算法中用到中位数。中位数把一个集合分成两个子集，这样算法可以递归地进行处理。习题8用到了一个具有这种结构的算法。此外，选择问题还是比较算法理论的一种实际应用，习题9给出了另外两个具有代表性的问题。

我们现在从抽象的集合世界转到具体的程序世界。选择程序的输入是正整数N、数组$X[1..N]$以及正整数K（$\leqslant N$）。程序必须排列数组使得$X[1..K-1]\leqslant X[K]\leqslant X[K+1..N]$。这样，第$K$小的元素停留在了属于它自己的位置$X[K]$上。

15.2　程序

简单的选择程序只需对数组X排序即可。但是，这种直接的解法需要$O(N\log N)$的时间。在本节中，我们学习一个由C. A. R. Hoare给出的快速算法。他的方法在平均$O(N)$的时间内选出第K小的元素。Hoare称他的程序为*Find*，我称本章中的实现为*Select*。

Hoare的选择算法与他的快速排序程序紧密相关，该分治算法（快速排序）可以描述如下：

```
procedure QSort(set S): sequence
    if size(S)  <= 1 then
        return the element in S
    else
        partition S around a random element
          T into subsets A and B such that
          elements in A are less than T and
          elements in B are greater than T
        return QSort(A) followed by T
          followed by QSort(B)
```

程序的输入是一个集合，它的输出是将其中的元素排好序的序列。输入和输出用数组有效地实现：分向量$X[L..U]$的序列由两个整数L和U表示。

选择算法与快速排序有相同的结构。给定$L\leqslant K\leqslant U$，它寻找$X[K]$这个位置的所有者（即第K小的元素）的第一步是根据一个随机选取的元素把数组划分开。此时，快速排序递归地对两个子序列进行操作，而选择算法为了节省时间，只对含有K的那一部分重复操作。下面是选择算法寻找一个21元数组的中位数的过程：

```
21  5  15  7  19  7  ㉒  75  65  39  25  73  98  95  53  39  27  63  46  58  82
              27  25  ㊴  65  73  98  95  53  75  39  63  46  58  82
                      58  73  53  65  39  63  46  ㊎  98  95  82
                      46  39  ㊼  65  73  63  58
                      39  ㊻
21  5  15  7  19  7  22  27  25  39  ㊴  46  53  65  73  63  58  75  98  95  82
```

图中的每一行代表算法的一个状态，最后一行描述了数组的最后状态。画圈的元素是用来划分的元素，它左边的元素比它小，右边的元素大于或等于它。

一个循环的选择算法可以描述如下：

```
set range to entire array
while range is large do
    partition range
    repeat on proper subrange
```

我们先研究划分的代码，然后再转到完整的算法。

程序根据$T=X[L]$的值划分数组$X[L..U]$。在第$I-1$步循环之后，循环不变式可以描述为

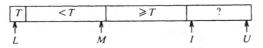

迭代步骤检查第I个元素。如果$X[I] \geqslant T$，那么循环不变式保持为真。当$X[I] < T$时，我们增加M的值以表示新的较小元素的位置，然后交换$X[M]$和$X[I]$。当$I=U+1$的时侯，循环结束，得到

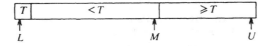

然后我们交换$X[L]$和$X[M]$，得到

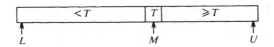

最后的那次交换保证了我们能够接着对$L \sim M-1$或者$M+1 \sim U$进行操作。对于这两种情况，我们都把$X[M]$排除在外了，从而避免了无限循环。

对于某些规则的输入，根据第一个元素划分数组可能消耗额外的时间。例如，数组已经是排好序的。我们最好随机选择一个划分元素。我们通过交换$X[L]$和$X[L..U]$中的随机的一项来完成，其中利用到13.1节的函数RandInt(L,U)，它返回区间$[L..U]$之间的一个随机整数。完整的划分代码如下：

```
Swap(X[L], X[RandInt(L,U)])
M  := L
for I := L+1 to U do
    if X[I] < X[L] then
        M := M+1
        Swap(X[M], X[I])
Swap(X[L], X[M])
```

终止的时候，我们可以知道$X[L..M-1] < X[M] \leqslant X[M+1..U]$。

有了这个划分代码，我们可以专注于完整的选择子程序了。我们的第一个版本是递归的：$Select(L,U,K)$划分数组$X[L..U]$，使得$X[L..K-1] \leqslant X[K] \leqslant X[K+1..U]$。如果$L \geqslant U$，那么子数组中最多含有一个元素，于是我们可以停止了；否则，我们根据元素T划分数组，T被放在$X[M]$中。根据M的值，K的位置有3种情形：

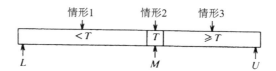

情形2是最简单的。当$K = M$时，第K小的元素已经在它的最终位置了，程序结束。当$K < M$，我们有情形1：第K小的元素不可能在$X[M..U]$中，于是我们排除那个区间，递归地对区间$[L, M-1]$进行操作。情形3是类似的，递归的程序可以描述如下：

```
procedure Select(L, U, K)
        pre L <= K <= U
        post X[L..K-1] <= X[K] <= X[K+1..U]
   if L < U then
        /* Partition X[L..U] so that
           X[L..M-1] <= X[M] <= X[M+1..U] */
        if      K < M then Select(L, M-1, K)
        else if K > M then Select(M+1, U, K)
        /* else K = M so finished */
```

由于$X[M]$在每一次递归调用时被排除在外，所以程序不可能无休止地循环。

上面程序的递归调用具有一种特殊的形式，称为尾递归：调用总是程序的最后一个动作。尾递归的程序总能转换成一个等价的while循环。我们现在研究一个迭代的选择程序,这在前面的3.2节曾经见过。它把L和U用作局部变量,保持L≤K≤U直到循环结束。在根据X[M]划分之后,代码通过调整L或U的值(有时两者都改变)来缩小区间[L, U]。下面是选择程序的最终版本:

```
procedure Select(K)
    pre:   1  <= K <= N
    post: X[1..K-1] <= X[K] <= X[K+1..N]
  L  := 1; U := N
  while L < U do
      /* Invariant: X[1..L-1] <= X[L..U]  <= X[U+1..N]  */
      Swap(X[L], X[RandInt(L,U)])
      M := L
      for I  := L+1 to U do
          /* Invariant: X[L+1..M]   < X[L]
                     and X[M+1..I-1] >= X[L] */
          if X[I] < X[L] then
              M := M+1
              Swap(X[M], X[I])
      Swap(X[L], X[M])
      /* X[1..L-1] <= X[L..U] <= X[U+1..N]
         and X[L..M-1] < X[M] <= X[M+1..U] */
      if K <= M then U := M-1
      if K >= M then L := M+1
```

这将是我们在本章接下来的部分中所要研究的选择算法,它对于常见的日常应用也是不错的。但是,对于应用于工程中的选择子程序,还应当作一些改进。关于划分部分的代码加速,在习题1、习题2、习题4和习题5中有描述。

15.3 运行时间分析

在前面的小节中我们得到了一个选择程序,并且非正式地分析了它的正确性:它对于所有的输入都能停机,而且总是计算出正确的结果。现在我们考虑所谓的线性运行时间。在$O(N)$的平均时间背后,直观的想法是,常见的循环会去除区间[L, U]的一部分。如果每一步去掉一半的元素,那么表达式

$$N + N/2 + N/4 + N/8 + \cdots \leqslant 2N$$

就能描述总的运行时间了。

本节通过观察算法的工作情况来支持我们的直觉。除了观察选择算法之外,这样一个训练也阐明了用于对算法进行经验分析的一般技术。(习题6介绍了对选择算法的数学分析。)

15.2节的第一幅图说明了当输入是一个21元的数组时，算法的执行情况。这幅图对于第一次研究算法是有用的，但是它太注意细节了，不能用来很好地观察算法的性能。下面是一幅类似的数组的图，用一个"线形图"来代表一些计算：

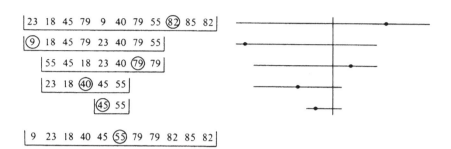

水平线代表每次循环中的子区间[L, U]，圆点代表划分元素，垂直线代表K。线形图比数组包含的信息要少（我们不知道正在被交换的值），但是它给出了性能中的关键：计算过程中子数组的大小。

我通过在选择程序中的关键位置插入打印语句来输出插图。输出结果用Grap语言写的一个程序来处理，Grap语言是用来描述数据的图形化显示的。插图的数组部分需要完整的信息。另一方面，线形图可以通过这个只保存L和U的值的程序构造出来，可以完全不考虑数组X：

```
L := 1; U := N
while L < U do
    decrement Y
    M := RandInt(L, U)
    draw a line from L, Y to U, Y
    plot a bullet at M, Y
    if K <= M then U := M-1
    if K >= M then L := M+1
```

如果数组没有重复元素，那么随机选择划分元素使得在L到U之间每一个位置结束的可能性是相等的。因此，上面的代码设置M为该区间的一个随机整数。算法性能的统计性质没有对输入的概率分布做出假设，变式是一个随机Swap语句的函数。下面是程序从101个元素中选出中位数的5次运行情况。右面的数表示每次运行中进行比较的总次数。

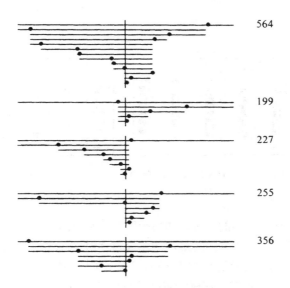

每次将区间减半的模型意味着选出101个元素的中位数需要大约

$$100 + 50 + 25 + \cdots = 200$$

次比较。上面的插图说明这个模型还不完善,但是仍然有用。第二次的计算很接近这个模型:每次猜测都接近平分当前的区间。第一次的计算尤其不幸:它选择了接近区间端点的几个划分元素。后面的三次计算处于这两个极端情况之间。这个折半的模型说明算法用到2N次比较。实验表明程序运行需要 $C_{median} \times N$ 次比较,其中 $C_{median} > 2$。

为了估计常数 C_{median},我们收集算法使用比较的次数的数据。我们使用下面这个"骨架"程序来计算比较次数,而不是对真实的数据运行完整的算法:

```
CCount := 0
L := 1; U := N
while L < U do
    CCount := CCount + U-L
    M := RandInt(L, U)
    if K <= M then U := M-1
    if K >= M then L := M+1
```

选择程序用到U−L次比较来划分[L, U]区间内的U−L+1个元素。上面的程序可以在几十步内模拟一个规模为 $N = 10^6$ 的集合上的几百万步计算。

下一幅图画出了101次选择中位数的结果,N的5个取值从101到1 000 001。左边的图表示完整的数据:每一道标记记录了一次实验中的比较次数用N除的结果,这样可以估计常数 C_{median} 的值。因此,C_{median} 的值看来在2到6之间,但是重叠的阴影部分遮挡了信息。

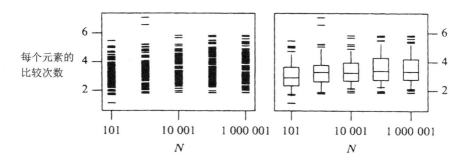

右边的图用J. W. Tukey的"方块和胡须图"对左边的图作了概括。方块中间的水平线代表样本的中位数，顶部和底部的线代表上和下四分位点（在本例中，即101个实数集合中第26和76小的元素）。方块外的线表示第5和95百分点，超出这个范围的极端的点也明确画出了。通过加深强调重要的分位点，方块说明C_{median}趋向于在3和4之间。在1971年，Knuth从数学上证明了当N变大时，它的平均值趋近于3.39。右图中的5个中位数依次是2.90、3.28、3.24、3.37和3.32。

到现在为止，我们关注的是计算中位数。下面的图显示的是选择第K小的值的数据，K=1,100 001, 200 001,…, 1 000 001时，N固定为1 000 001。这说明计算中位数的代价是最大的，而其他的值需要的计算比较少。

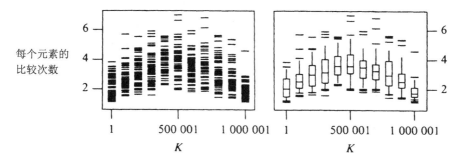

右图中的"方块和胡须"图把信息表达得更清楚了。我们已经知道中位数需要大约3.4N次比较。这幅图说明最小和最大值需要大约2N次比较。它也说明了开销是关于中位数对称的。从直观上看是这样的——选择第K小的元素反过来就是选择第$(N-K)$大的元素。

到现在为止，我们对于选择算法的分析都专注于这样的事实：它需要$O(N)$次比较。

因为它在每次比较的时候，只需要常数多次其他的操作，所以总的运行时间还是线性的。为了更深入地观察，我用C在一台VAX-11/750上实现了选择算法，并将它与C库函数中的qsort进行比较。系统排序需要大约$100N \log_2 N$微秒来排序一个N元数组，而选择算法在大约$100N$微秒之内就找到了中位数。对于$N = 100\ 000$，这把需要近三分钟的排序转换成了10秒钟的选择。

15.4 原理

我们分析了Hoare的选择算法的两个方面：它的结果是正确的，并且它的计算很有效率。这个练习说明了程序分析中的两个要点。

系列分析。有几个原因让我相信选择程序是正确的。本章既给出了一个非正式的正确性说明，还用（由程序自己生成的）图说明了算法的工作情况。3.2节描述了用于观察程序工作情况和测试程序的脚手架平台。这些分析中的每一个都支持了其他的：观察工作中的程序可以弄清循环不变式，这对于测试也是有用的。

我还相信选择程序对于几乎没有重复元素的数组，运行时间在$O(N)$以内。本章用一个非正式的数学分析（"折半模型"）和一系列的实验观察了工作中的程序。程序生成了用数组描述的详细的图，以及描述子区间大小的"线形图"和计算比较次数的图。这一系列的每个实验对计算的描述较多，但是针对各自本身的信息较少。习题6延续了这个趋势，说明了如何对程序进行抽象，最终得到一个数学上的分析。

骨架程序。我们看到若干个这样的程序，它们无须执行完整程序的所有动作就能够提供关于选择算法的信息。习题6描述了另外几个这样的程序。选择程序在一个大小为10亿的集合上需要几十亿步，而这些程序能够在几十步内收集到关于同样的计算的信息。这些程序代表了上面所述的一系列分析中的重要中心点。

分析中的图形化方法。程序员现在可以方便地使用图形输出了。我们应该利用它来理解我们的程序。本章中的所有图片都使用简单的程序（10~30行）画出来的。详细的图展示了计算的过程，"数组块"说明了循环不变式，我们利用它们来理解算法的正确性。我们可以用图来分析大量的实验数据。例如，最后一幅图的右边部分用了大约150条水平和垂直线段代表550次计算，表示了超过十亿次比较。从数学上分析算法一般是非常难的，但是模拟和图多数程序员都能够掌握。

15.5 习题

1. 从子区间中随机选择一个划分元素。研究使用其他划分元素的有效性（例如使用第一、正中和最末元素的中位数，或者一个更大样本中的合适的代表元素）。

2. 选择算法和它派生出的算法并不总是实现选择的最好途径。你是如何从一个3元数组中选出第2小的元素的？如果$K = 6$，$N = 11$呢？又或者$K = 1\,000$，$N = 1\,000\,000$，而且输入是存储在一卷磁带上的呢？

3. 如果输入存储在磁带上，你的机器只有一个磁带驱动器和几十个字的主存，你如何找到中位数？你会如何利用第二个磁带驱动器呢？

4. 尽管选择算法的平均运行时间为$O(N)$，但是在最坏情况下它需要$O(N^2)$的时间。请给出一个最坏情况运行时间为$O(N)$的算法。

5. 对下列问题进行实验并且给出实验数据。

   a. 关于运行时间的讨论集中于所用的比较次数，这是好的，但是有时在真实的机器上这是一个有缺陷的指标。实现选择算法并测量它的运行时间。有惊奇的发现吗？

   b. 从选择程序中删除随机$Swap$语句。平均运行时间如何变化？给出一个输入，使运行时间达到最坏情况。

   c. 在15.3节的第一幅图中，固定K为$(N + 1)/2$并改变N的值，下一幅图中固定N为1 000 001而让K变化。试给出一个关于这两个变量的函数，它能描述在N个不同元素的集合中找到第K小的元素所需的平均比较次数。另外，当N固定，K变化的时候得到的曲线形状是怎样的？当K与N的比值是常数时，曲线又是怎样的？

   d. 在我们的分析中，假设输入数组中没有重复元素。如果数组中某些元素重复出现许多次，那么选择算法的性能会如何？这时如何提高性能？

6. 这个问题从数学上研究了当$K = 1$时选择程序的性能，即选择数组中的最小元素。用来计算比较次数的骨架程序（并不实际选出最小元素）简化为

```
U := N
while U > 1 do
    CCount := CCount + U-1
    U := RandInt(1,U) -1
```

试说明下面这个递归程序具有同样的功能:

```
function CCount(N)
  if N <= 1 then
     return 0
  else
     return N-1 + CCount(RandInt(0,N-1))
```

如果 C_N 表示程序执行后 $CCount(N)$ 的平均值,证明它满足递推关系

$$C_0 = C_1 = 0$$
$$C_N = N-1+1/N \sum_{0 \leqslant i \leqslant N-1} C_i$$

写一个程序用来计算 $C_0, C_1, \cdots, C_M$。(提示:先使用一个表 $C[0..M]$ 和 $O(M^2)$ 的时间,然后改进算法,使运行时间为 $O(M)$,最后去掉该表。)用这个程序刻画 C_N 的行为。这个程序的一个可能用途是用来收集数据,另一个途径是研究它的结构来压缩递归。

7. [J. M. Chambers] 选择算法保证了对于 K 的某一个值,有 $X[1..K] \leqslant X[K] \leqslant X[K+1..N]$,而快速排序对于所有的 K 值建立了这个条件。"部分排序"问题要求对区间 $[1,N]$ 内的一组整数建立这个条件。例如,在画101个值的方块图时,我们感兴趣的是集合 $\{6, 26, 51, 76, 96\}$。试说明如何修改快速排序或选择算法的思想来进行部分排序。给出输入数组 $1 \leqslant K[1] \leqslant K[2] \leqslant \cdots \leqslant K[M] \leqslant N$ 和 $X[1..N]$,程序应该使得

$$X[1..K[1]-1] \leqslant X[K[1]] \leqslant$$
$$X[K[1]+1..K[2]-1] \leqslant X[K[2]] \leqslant$$
$$X[K[2]+1..K[3]-1] \leqslant X[K[3]] \leqslant \cdots$$

8. 在这个问题中,假设数组 X 的每个元素有两个字段: $X[I].key$ 是第 I 个元素的键值, $X[I].wt$ 是它的权重(一个正实数)。设 S 表示 $\Sigma_{1 \leqslant i \leqslant N} X[i].wt$ 。"带权中位数"问题要求用整数 K 划分数组,使得下面的条件成立:

$$X[1..K-1].key \leqslant X[K].key \leqslant X[K+1..N].key$$
$$\sum_{1 \leqslant i < K} X[i].wt < S/2$$
$$\sum_{K < i \leqslant N} X[i].wt < S/2$$

修改选择算法,在线性时间内完成这个任务。说明如何用习题4的一个解答作为子程序,在最坏情况下线性时间解决此问题。修改这两个算法用来找到其他的"带权中位点":给出一个实数 $0<Q<1$,找到一个元素使得所有具有较小键值的元素权重之和至多为 QS,而所有具有较大键值的元素权重之和至多为 $(1-Q)S$。

9. 给出寻找集合中最小和最大的元素的算法，以及寻找最大和第二大的元素的算法。要求比较的次数尽可能少。

10. 尝试用其他的图形来表示计算。例如，下面这幅图表示的是15.2节最后一幅图中的计算。那幅图中的数在这里用垂直线表示。尝试把这种表示做成一个简单的动画。

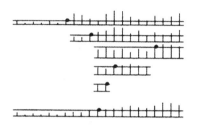

15.6　深入阅读

Hoare最初是在1961年7月的《ACM通讯》的一页上描述了快速排序和Find算法。他在1971年1月的《ACM通讯》上通过论证Find的正确性说明了程序验证这个年轻的领域。Knuth在1971年国际信息处理联合会论文集第19~27页的"Mathematical Analysis of Algorithms"中，分析了该算法的运行时间。在1975年3月的《ACM通讯》中，Floyd和Rivest提出了一个只需要 $N+K+O(\sqrt{N})$ 次比较的选择算法。他们的算法非常接近理论的最优值了，而且他们的代码运行得像风一样快。

附录 *A*

C 和 Awk 语言

本书中的许多程序都是用一种类似 Algol 的伪代码写的。但是，有几处仍然调用了实际的程序。我选择了使用 C 语言来说明第 1 章所讨论的性能监视工具。Awk 语言在第 2 章和第 3 章中使用得很多，在第 1 章、第 9 章和第 13 章中也有一些。

A.1 C 语言

C 语言有许多的教材和参考手册。第一本（也是至今我仍最喜爱的一本）是 Kernighan 和 Ritchie 的 *The C Programming Language*[①]，由 Prentice-Hall 在 1978 年出版，第 2 版在 1988 年出版。本节概述了第 1 章中用到的 C 语言的一些知识。

语句 a=b 把 b 的值赋给 a，而表达式 a==b 当两个变量相等时取值为真。表达式 a%b 表示 a 被 b 除的余数，如 10%7 得到 3。printf 函数提供格式化输出语句。

语句 i++用来增加整数 i 的值。++操作符也可以用在表达式中。如果 j 是 6，那么表达式 x[j++]得到 x[6]并设置 j 为 7，而 x[++j]设置 j 为 7 且得到 x[7]。减量操作符--是类似的：x[--j]设置 j 为 5 而得到 x[5]。

if 语句的形式为

```
if (expression) statement
```

Pascal循环

```
for i := a to b do statement
```

---

① 该书第2版的英文版及中译版已由机械工业出版社出版，书名《C程序设计语言》。——编者注

用C写成

```
for (i = a; i <= b; i++) statement
```

A.2　Awk 语言

Awk 的权威参考书是 Aho、Kernighan 和 Weinberger 的 *AWK Programming Language*，在 2.6 节提到过。Awk 的许多语法都借用了 C 语言的。特别的是，上一节出现的所有结构在 Awk 中是相同的。

简单的 Awk 语言能够完成有趣的计算。这里是一个完整的程序，它将一个文件中的所有数作为输入，计算它们的以 2 为底的对数。

```
{ print log($1)/log(2) }
```

给定输入文件

```
2
16
4
10
```

它产生输出文件

```
1
4
2
3.32193
```

程序中说明了几个重要的 Awk 服务。花括号中的 `print` 语句对输入文件的所有行进行循环，程序员无须担心输入循环的细节。此外，Awk 把输入行划分成字段，第一个字段称为$1，第二个为$2，等等。`print` 语句中的表达式使用了算术的和内建的 `log` 函数。

我们在这本书中研究的许多 Awk 程序具有下面的结构：

```
BEGIN  { preprocessing }
       { action for each input line }
END    { postprocessing }
```

在读取第一行之前会进行预处理，在最后一行读取之后进行后处理。这三个部分中的任何一个都可以省略。Awk 使用花括号来组合语句，Pascal 则用 `begin` 和 `end` 来组合语句。

通常，Awk 程序由"模式-动作"对构成。如果输入行匹配左边的模式，那么右边的代码将被执行；这个过程将对每一个模式和每一行输入进行重复。BEGIN 和 END 是在文件读取之前和读取之后进行匹配的特殊模式。

下一个程序的输入行包含两个字段。第一个字段是一个正数，第二个是字符串。输出是文件中最大的数和对应的字符串。

```
$1 > maxval  { maxval = $1; maxname = $2 }
END          { print "Maximum value: " maxval
               print "Associated name: " maxname
             }
```

Awk 在变量第一次使用时进行初始化（数初始化为 0，字符串初始化为空），所以上面的程序无须显式地初始化 maxval。第一个动作中的两条语句用一个分号分隔，不在同一行的语句不需要分号。

接下来的程序计算输入文件中的数的平均值，文件中一行可能包含多个数。当 Awk 处理输入文件时，它会把字段的个数存储在变量 NF 中。

```
{ for (i = 1;  i <= NF; i++)  {
      n++
      sum = sum + $i
  }
}
END { print "Average of", n, "numbers is", sum/n }
```

Awk 在运行时可以很方便地转换数和字符串。在本书中的大多数程序中，应当清楚地区分它们；规则的细节可以参见 Awk 手册。

Awk 函数与 C 函数很类似，但是它没有变量声明。因此，在一个函数中声明局部变量的方法是把它放在参数表中。我把实参放在参数表的第一部分，然后是局部变量，中间用两个空格隔开。函数可以用 return 语句返回一个值。

附录 *B*

子程序库

本附录中包含3.3节中所描述的子程序库。集合算法用于操作数组$x[1..n]$。程序执行时，已经通过了所有的测试。

选择算法select在第15章中进行了描述。其他的子程序来自于《编程珠玑》第1版，并在该书的相应章节进行了证明。

函数名称	算法	章节
qsort	快速排序	10.2
isort	插入排序	10.1
siftup	堆	12.2
siftdown	堆	12.2
hsort	堆排序	12.4
pqinit	初始化优先队列	12.3
pqinsert	优先队列插入	12.3
pqextractmin	优先队列提取	12.3
ssearch	顺序搜索	2.2
bsearch	二分搜索	2.2

完整的Awk算法在下面给出。最前面是集合算法，然后是测试程序，最后是主程序。

```
# UTILITY ROUTINES AND SET ALGORITHMS


function swap(i, j, t) { # x[i] :=: x[j]
    t = x[i]; x[i] = x[j]; x[j] = t
}


function randint(l, u) { # rand int in l..u
    return l + int((u-l+1)*rand())
}
```

```
function select(k, l, u, i, t, m) {
        # post: x[1..k-1] <= x[k] <= x[k+1..n]
        # bugs: n**2 time if x[1]=...=x[n]
    l = 1; u = n
    while (l < u) {
        # x[1..l-1] <= x[l..u] <= x[u+1..n]
        swap(l, randint(l,u))
        t = x[l]
        m = l
        for (i = l+1; i <= u; i++) {
            # x[l+1..m] < t and x[m+1..i-1] >= t
            if (x[i] < t) swap(++m,i)
        }
        swap(l,m)
        # x[l..m-1] <= x[m] <= x[m+1..u]
        if (m <= k) l = m+1
        if (m >= k) u = m-1
    }
}


function qsort(l, u, i, t, m) {
        # post: sorted(l,u)
        # bugs: n**2 time if x[1]=...=x[n]
    if (l < u) {
        swap(l, randint(l, u))
        t = x[l]
        m = l
        for (i = l+1; i <= u; i++) {
            # x[l+1..m] < t and x[m+1..i-1] >= t
            if (x[i] < t) swap(++m, i)
        }
        swap(l, m)
        # x[l..m-1] <= x[m] <= x[m+1..u]
        qsort(l, m-1)
        qsort(m+1, u)
    }
}


function isort( i, j) {
        # post: sorted(1,n)
    for (i = 2; i <= n; i++) {
        # sorted(1, i-1)
        j = i
        while (j > 1 && x[j-1] > x[j]) {
            swap(j-1, j)
            j--
        }
    }
```

```
}


function siftup(l, u, i, p) {
        # pre  maxheap(l,u-1)
        # post maxheap(l,u)
    i = u
    while (1)  {
        # maxheap(l,u) except between
        #  i and its parent
        if  (i <= l) break
        p = int(i/2)
        if (x[p] >= x[i]) break
        swap(p,  i)
        i = p
    }
}


function siftdown(l,  u,  i,  c) {
        # pre  maxheap(l+1,u)
        # post maxheap(l,u)
    i = l
    while (1)  {
        # maxheap(l,u) except between
        # i and its children
        c = 2*i
        if (c > u) break
        if (c+1 <= u && x[c+1] > x[c]) c++
        if (x[i] >= x[c]) break
        swap(c, i)
        i = c
    }
}


function hsort(  i) {
        # post sorted(1,n)
    for (i = int(n/2); i >= 1; i--)
        siftdown(i,n)
    for (i = n; i >= 2; i--) {
        swap(1,i); siftdown(1,i-1)
    }
}


function pqinit(i)  {
    pqmax = i
    n = 0
}
```

181

```
function pqinsert(t) {
        # post t is added to set
    assert(n < pqmax)
    x[++n]  = t
    siftup(1, n)
}
function pqextractmax( t) {
        # pre  set isn't empty
        # post max is deleted and returned
    assert(n >= 1)
    t = x[1]; x[1] = x[n--]
    siftdown(1,  n)
    return t
}


function ssearch(t,   i)  {
        # post result=0      => x[1..n]  != t
        #       1<=result<=n => x[result] = t
    i = 1
    while (i <= n && x[i] != t) i++
    if (i <= n) return i; else return 0
}


function bsearch(t, l,u,m)  {
        # pre   x[1] <= x[2] <= ... <= x[n]
        # post result=0      => x[1..n]  != t
        #       1<=result<=n => x[result] = t
    l = 1; u = n
    while (l <= u) {
        # t is in x[1..n] => t is in x[1..u]
        m = int((l+u)/2)
        if      (x[m] < t) l = m+1
        else if (x[m] > t) u = m-1
        else return m
    }
    return 0
}

# TESTING ROUTINES


function genequal( i) { # fill x
    for (i = 1; i <= n; i++) x[i] = 1
}
```

```
function geninorder(  i) { # fill x
    for (i = 1; i <= n; i++) x[i] = i
}


function scramble(  i) { # shuffle x
    for (i = 1; i < n; i++)
        swap(i, randint(i, n))
}

function assert(cond)  {
    if (!cond)  {
        errcnt++
        print "    >> assert failed <<"
    }
}


function checkselect(k, i) {
    for (i = 1; i < k; i++)
        assert(x[i] <= x[k])
    for (i = k+1; i <= n; i++)
        assert(x[i] >= x[k])
}


function checksort(  i)  {
    for (i = 1; i < n; i++)
        assert(x[i] <= x[i+1])
}


function clearsubs(  i) { # clear array x
    for (i in x) delete x[i]
}


function checksubs(  i,c) { # alters x
        # error if subscripts not in 1..n
    for (i = 1; i <= n; i++) delete x[i]
    for (i in x) c++
    assert(c == 0)
}


function sort() { # call proper sort
    if      (sortname == "qsort") qsort(1, n)
    else if (sortname == "hsort") hsort()
    else if (sortname == "isort") isort()
    else print "invalid sort name"
```

183

```
    }


function testsort(name, i, nfac) {
    sortname = name
    print " pathological tests"
    for (n = 0; n <= bign; n++) {
        print "    n=", n
        clearsubs()
        geninorder(); sort(); checksort()
        for (i = 1; i <= n/2; i++) swap(i, n+1-i)
        sort(); checksort()
        genequal(); sort(); checksort()
        checksubs()
    }
    print " random tests"
    nfac = 1
    for (n = 1; n <= smalln; n++) {
        print " n=", n
        nfac = nfac*n
        clearsubs()
        geninorder();
        for (i = 1; i <= nfac; i++) {
            scramble(); sort(); checksort()
        }
        checksubs()
    }
}


function search(t) { # call proper search
    if     (searchname == "bsearch")
        return bsearch(t)
    else if (searchname == "ssearch")
        return ssearch(t)
    else print "invalid search name"
}


function testsearch(name, i) {
    searchname = name
    for (n = 0; n <= bign; n++) {
        print "    n=", n
        clearsubs()
        geninorder()
        for (i = 1; i <= n; i++) {
            assert(search(i)    == i)
            assert(search(i-.5) == 0)
            assert(search(i+.5) == 0)
        }
```

```
            genequal()
            assert(search(0.5)  ==  0)
            if (n > 0) assert(search(1)  >= 1)
            assert(search(1)  <= n)
            assert(search(1.5)  ==  0)
            checksubs()
    }
}


BEGIN { # MAIN PROGRAM
bign = 12
smalln = 5
print "testing assert -- should fail"
    assert(1 == 0)
print "testing select"
    for (n = 0; n <= bign; n++){
        print  " n=", n
        clearsubs()
        for (i = 1; i <= n; i++) {
            geninorder()
            select(i)
            checkselect(i)
        }
        for (i = 1; i <= n; i++) {
            scramble()
            select(i)
            checkselect(i)
        }
        genequal()
        for (i = 1; i <= n; i++)  {
            select(i)
            checkselect(i)
        }
        checksubs()
    }


print "testing quick sort"
    testsort("qsort")
print "testing insertion sort"
    testsort("isort")
print "testing heap sort"
    testsort("hsort")


print "testing priority queues"
    for (m = 0; m <= bign; m++) {
        # m is max heap size
        print "   m=", m
```

185

```
        clearsubs()
        pqinit(m)
        for (i = 1; i <= m; i++)
            pqinsert(i)
        for (i = m; i >= 1; i--)
            assert(pqextractmax() == i)
        assert(n == 0)
        pqinit(m)
        for (i = m; i >= 1; i--)
            pqinsert(i)
        for (i = m; i >= 1; i--)
            assert(pqextractmax() == i)
        assert(n == 0)
        pqinit(m)
        for (i = 1; i <= m; i++)
            pqinsert(1)
        for (i = m; i >= 1; i--)
            assert(pqextractmax() == 1)
        assert(n == 0)
        n = m; checksubs()
    }


print "testing sequential search"
    testsearch("ssearch")
print "testing binary search"
    testsearch("bsearch")
print "total errors (1 expected):", errcnt
if (errcnt > 1) print ">>>> TEST FAILED <<<<"
}
```

部分习题答案

第 1 章答案

1. 问题可以重述为：已知数组 $X[1..N]$ 中均匀散布着 $[0,1]$ 中的实数，求这个子程序进行了多少次赋值。

```
Max := X[1]
for I := 2 to N do
    if X[I] > Max then
        Max := X[I]
```

一种简单的想法假设 if 语句有约一半的时间被执行，那么程序将进行大概 $N/2$ 次赋值。我在 $N=1000$ 的条件下将程序运行了 10 遍，排序后的赋值数依次为：

```
4 4 5 5 6 7 8 8 8 9
```

The Art of Computer Programming, Volume 1: Fundamental Algorithms 一书的 1.2.10 节，Knuth 说明了该算法在平均情况下进行 $H_N - 1$ 次赋值，其中

$$H_N = 1 + 1/2 + 1/3 + \cdots + 1/N$$

为第 N 个调和数。对 $N = 1\,000$，这一分析给出了 6.485 的期望值；而 10 次实验给出的均值为 6.4。

2. 下面的 C 程序实现了埃氏筛法来计算所有小于 n 的素数。其基本数据结构是 n 比特数组 x，初始值全部为 1。每发现一个素数，数组中所有它的倍数都设为 0。下一个素数就是数组中的下一个取值为 1 的比特位。性能监视表明小于 100 000 的素数有 9 592 个，算法进行了大概 $2.57N$ 次赋值。一般地，算法进行 $N \log \log N$ 次赋值；算法分析中涉及答案 1.1 中的素数密度和调和数。下面是加上性能监视后的代码：

```
        main()
        {    int i, p, n;
             char x[100002];
1            n = 100000;
1            for (i = 1; i <= n; i++)
100000           x[i] = 1;
1            x[1] = 0; x[n+1] = 1;
1            p = 2;
9593         while (p <= n) {
9592             printf("%d\n", p);
9592             for (i = 2*p; i <= n; i = i+p)
256808               x[i] = 0;
9592             do
99999                p++;
99999            while (x[p] == 0);
             }
        }
```

更快速的素数筛法的实现,参见 Mairson(1977 年 9 月)、Gries 和 Misra(1978 年 12 月)以及 Pritchard(1981 年 1 月)发表在《ACM 通讯》中的论文,或者 Pritchard 的 "Linear prime-number sieves: A family tree",刊登在 1987 年 *Science of Computer Programming* 第 9 卷第 17~35 页。

3. 一个简单的用于语句计数的性能监视工具每执行一个语句就增加一次计数。满足于更少的计数器可以同时减少监视程序的内存需求和运行时间。例如,可以给程序流图中的每个基本块关联一个计数器。也可以利用"基尔霍夫第一定律"进一步减少计数器的数量:如果你有一个 if-then-else 语句的计数器以及一个 then 分支语句的计数器,那么就不需要 else 分支语句的计数器了。

6. 函数 prime 中的 for 循环可能存在潜在的死循环。为了说明该循环总是终止,必须证明如果 P 是素数,那么一定存在另外一个素数小于 P^2。这一定理成立,但证明却很困难。

第 2 章答案

3. 在 *The Art of Computer Programming, Volume 1: Fundamental Algorithms* 的练习 2.2.3-23 中,Knuth 说明了如何打印输入图中的一个回路,如果回路存在的话。

4. 这是一个由三维场景导出的有回路图。

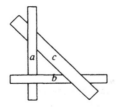

它是有回路的因为 a 必须在 b 之前绘制，同样，b 必须在 c 之前，c 必须在 a 之前。如果场景中每个物体都是平的（也就是说，它只有一个 z 坐标值），并且所有 z 值都不同，那么这些 z 值就形成了一个全序且场景中没有回路。

5a. 这个 Awk 程序向一个初始为空的二分搜索树中插入 1 000 个随机数，然后遍历这棵树。

```
BEGIN { <<<1>>> n = 1000; root = null = -1
      for (i = 1; i <= n; i++)
          root = insert(root, int(n*rand()))
      traverse(root); exit
}
function insert(p, x) { <<<11840>>>
      if (p == null) { <<<632>>>
          val[p = ++nodecount] = x
          lson[p] = rson[p] = null
      } else if (x < val[p]) { <<<4847>>>
          lson[p] = insert(lson[p], x)
      } else if  (x > val[p]) { <<<5993>>>
          rson[p] = insert(rson[p], x)
      } else { <<<368>>>  }
      return p
}
function traverse(p) { <<<1265>>>
      if (p != null) { <<<632>>>
          traverse(lson[p])
          print val[p]
          traverse(rson[p])
      }
}
```

数是由 1.4 节的 Awk 性能监视工具产生的。BEGIN 程序块调用 insert 函数 1 000 次，向树中插入 632 个新数并返回 368 次因为这些数已经在树中。平均情况下，每次插入需要 11.8 次递归调用。

5b. 这个 Awk 程序使用深度优先搜索解决可达性问题。典型的输入行包含一个祖先-后代对；对序列定义了一个有向图。（拓扑排序程序使用同样的格式。）

当输入行为*reach x*时，程序通过一次递归的深度优先搜索打印所有从*x*可达的顶点。

```
function visit(node, i) {
    if (visited[node] == 0) {
        visited[node] = 1
        print "   " node
        for (i = 1; i <= succct[node]; i++)
            visit(succlist[node, i])
    }
}
$1 == "reach" { print "Nodes reached from " $2
                for (i in succct)
                    visited[i] = 0
                visit(S2)
              }
$1 != "reach" { succlist[$1, ++succct[$1]] = $2
                succct[$2] = 0 + succct[$2] # make it exist
              }
```

Aho、Weinberger 和 Kernighan 合著的 *AWK Programming Language*（2.6 节曾引用）一书的 5.1 节给出了随机句子生成的算法，7.3 节给出了拓扑排序的深度优先搜索实现。

6. 关联数组可以用"符号表"的数据结构实现。相关的结构包括二分搜索树以及已排序和未排序序列。然而，在多数系统上，还是选择用 Awk 使用的结构：散列表。答案 13.2 和答案 13.6 考察了符号表的几种实现。

第 3 章答案

1、2、3 题的答案参考下面这个用 Awk 编写的堆试验台。更多细节可以在我的《编程珠玑》第 1 版的第 12 章中找到。

```
function maxheap(l, u, i) { # 1 if a heap
    for (i = 2*l; i <= u; i++)
        if (x[int(i/2)] < x[i])
            return 0
    return 1
}
function assert(cond, errmsg) {
    if (!cond) {
        print ">>> Assertion failed <<<"
        print "    Error message: ", errmsg
    }
}
function siftdown(l, u, i, c, t) {
        # precondition  maxheap(l+1,u)
```

```
        # postcondition maxheap(l,u)
assert(maxheap(l+1, u),   siftdown precondition")
    i = l
    while (1) {
        # maxheap(l,u) except between i and its children
        c = 2*i
        if (c > u) break
        if (c+1  <= u && x[c+1] > x[c]) c++
        if (x[i] >= x[c]) break
        t = x[i]; x[i] = x[c]; x[c] = t # swap i, c
        i = c
    }
assert(maxheap(l, u), "siftdown postcondition")
}
function draw{i, s) {
    if (i <= n) {
        print i ":", s, x[i]
        draw(2*i,   s "    ")
        draw(2*i+1, s "    ")
    }
}
$1 == "draw"  { draw(1, "") }
$1 == "down"  { siftdown($2, $3) }
$1 == "assert"    { assert(maxheap($2, $3), "cmd") }
$1 :: "x"    { x[$2] : $3 }
$1 == "n"         { n = $2 }
```

1. 递归子程序 draw 用缩进格式打印堆的隐式树结构（递归的第二个参数是缩进字符串 s，每次调用在其尾部加 4 个空格）。

2. 修改后的 assert 子程序包含一个提供插入失败信息的字符串变量。一些系统提供一种插入工具，它能自动给出源文件和无效插入的行号。

3. siftdown 子程序使用 assert 和 maxheap 子程序来测试进入和退出时的前置和后置条件。maxheap 子程序需要 $O(U-L)$ 时间，因此 assert 调用应该从代码的产品版本中去掉。

4. 附录 B 中的测试忽略了我第一个 siftup 程序中的错误。我错误地用赋值 i = n 将 i 初始化而不是 i = u。然而，在我的所有测试中，u 和 n 是相等的，因此并没有发现该错误。

6. 15.3 节给出了有关选择集合中第 k 小元素的 Hoare 算法的运行时间的实验。

8. 为测试一个排序子程序是否为对其输入的重新排列，我们可以将输入复制到一个单独的数组中，用一种信得过的方法进行排序，然后在新的子程序运行完毕后比较这两个数组。另外一种方法只利用几个字节的内存，但偶尔会出错：使用数组中元素的和作为这些元素的签名。改变元素的一个子集合会以很高的概率改变元素之和。（求和涉及字大小和浮点加法的不可结合性等问题；其他的签名，比如异或，就避免了这些问题。）

第 4 章答案

2. 在 *UNIX Programming Environment*（Prentice-Hall，1984）的 3.9 节，Kernighan 和 Pike 给出了一个名叫 bundle 的程序。命令

   bundle file1 file2 file3

   生成一个 UNIX Shell 文件。命令被执行后，所有文件都会被复制到一个文件卷中。

3. 任何通用计算模型中都存在一个自复制程序。证明需要利用递归定理和递归函数论中的 *s-m-n* 定理。黑客们一直乐于用现实中的语言编写自复制程序；其中 Fortran 和 C 似乎特别受欢迎。如果允许程序在错误输出上进行自复制，那么本题的程序将更容易。如果你从一个小文件开始（比如，一个简单的垃圾消息），然后循环地将编译器打印的错误信息作为输入反馈给编译器，该过程通常会很快收敛。

4. UNIX 文件系统不用文件类型对文件进行分类，但一些程序却使用文件内容作为其隐式自描述。比如，file 命令检查一个文件并猜想文件内容是 ASCII 文本、程序文本或 Shell 命令等。在答案 2 中引用的那本书里，Kernighan 和 Pike 给出一个名为 doctype 的程序，该程序读取一个 Troff 输入文件然后推断对其需要执行哪种语言的预处理器（如 Pic 和 Tbl 等）。

5. 名字-值对的例子包括 PL/1 的 GET DATA 语句和 Fortran 的 NAMELIST。数组和函数也都能将名字映射到值。

7. 一个一般的原则认为，程序的输出应该适应于程序的输入。这一原则对管道程序以及允许使用鼠标对输入进行选择和重定向为输入的可视化系统尤为重要。

第 5 章答案

1. 因为文件很小，我建议将数据从一个可用列表中重新录入。就算我每秒录入一个数字，每分钟也可以录入三条记录，每小时就是 200 条记录。因此，让一个数据录入的职员使用熟悉的工具重新录入数据应该只需要不到两小时的时间，且花费不到 50 美元。一种自动化的解决方案需要在两台 PC 上都安装固定的软

件（在自行编写代码之前我会努力搜索软件包），同样还要获得调制解调器。尽管高技术性的解决方案明显对大容量数据是更好的选择，但这种简单的解决方案对手头的问题是更好的选择。

2. Lynn Jelinski 从她父亲 Geoffrey Woodard 那里收到了如下便条：

> 传说，有一个实习的水暖工被派去寻找一个给左撇子用的水管扳手。

> 爱迪生给他的新雇员指派工作让他判定一个电灯泡的容量，这用测量的方式很难计算，但放入量筒中，用排水量就很容易计算了。

> 有一次，我听说在贝尔实验室，第一项任务就是改进电话听筒上缠绕的电话线。这则妙语是说，一美分的改变（一种新设计去掉了电话线，使话筒和听筒距离线路终端更近）会演变成上百万美元的节省。不管怎样，要留心。

你的公司有（或应该有）哪些类似的下马威？

3. 给出一个计算机化的解答太早了。一旦我重获智慧，我就建议心理学家在一个木块的六面上写下{1, 2, 3}的 6 种排列，类似地在另外一个木块上写下压力级别。当一个观察者在屋子中走动时，实验者可以抛掷这两枚骰子以生成随机排列：

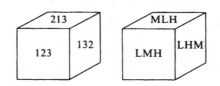

尽管我为这种简单、优雅而有效的解答感到高兴，但心理学家却希望得到实验背后的"电脑"的权威性。我编写了这个程序，以我可以在本书中讲这个故事为条件。

4. 因为 sqrt 是一个单调递增函数，我们可以在循环代码中去掉平方根，而在循环结束后计算一次平方根。许多程序员对去掉平方根子程序存在概念上的障碍。

第 7 章答案

3. 许多微机的 BASIC 解释器中，访问一个变量的开销和它在符号表中的位置是成比例的。因此程序前面部分使用的变量比后面执行时才使用的变量有更小的开销。在有指令缓存的机器上，一个微小的改动会将一个内层循环滑出缓存而使总时间增加 20%。撰写本章内容的前一周，一个同事通过把我写的一个 Awk 程序中的引号改成斜杠而压榨出了 10%的性能改进（我并不欣赏这种诡异的语义区别）。

4. 通过统计一份报纸上的死亡布告数并估计他们在这个地区代表多少人口来估算当地的死亡率。一个更简单的方法使用 Little 定律和寿命期望的估计；例如，如果寿命的期望是 70 年，那么每年将有 1/70 即 1.4%的人死亡。

5. Peter Denning 对 Little 定律的证明由两部分组成。"首先，定义 $\lambda = A/T$，为到达率，其中 A 是长度为 T 的观察期内的到达数。定义 $X = C/T$，为输出率，其中 C 是 T 时间内的完成数。令 $n(t)$ 表示[0, T]中的时刻 t 时系统中的数目。W 是 $n(t)$ 的面积，单位是'项-秒'，表示在整个观察期系统中所有项的合计等待时间。每个完成项目的平均响应时间定义为 $R = W/C$，单位是（项-秒）/（项）。系统的平均数是 $n(t)$ 的平均高度，即 $L = W/T$，单位是（项-秒）/（秒）。显然 $L = RX$。这个公式只就输出率而论。并不需要'流平衡'，即流入等于流出（符号表示为 $\lambda = X$）。如果加入前提条件，公式就变为 $L = \lambda \times R$，这是在排队论和系统论中遇到的形式。"

6. Peter Denning 写道："假如你有一个服务器的网络。令 V_i 表示每个作业使用（访问）服务器 i 的平均次数，那么 $V_1 + V_2 + \cdots + V_N$ 表示平均一个作业的总作业步。根据'强制流'定律：$X_i = V_i \times X_0$，整个系统的吞吐量 X_0 和服务器 i 的局部吞吐量是相关的。令 R_0 表示一个作业经历的响应时间，L_0 表示系统中平均的作业数。Little 公式表明，系统的响应时间为 $R_0 = L_0/X_0$。但 $L_0 = L_1 + \cdots + L_N$，其中 L_i 是服务器 i 上的平均作业数；$L_i = R_i \times X_i$，其中 R_i 是每次访问服务器 i 的平均响应时间。利用固定流定律 $X_i/X_0 = V_i$ 可以得到 $R_0 = R_1 \times V_1 + \cdots + R_N \times V_N$。直觉上这是对的，但需要用 Little 定律两次才能简单而严密地证明。"

7. Bruce Weide 写道："最初的情况下，'系统'是队列加服务器。利用答案 5 的表示法，R 是客户花费在排队和服务的平均时间，L 是在队列和服务中的平均客户数目。因此由 Little 定律，我们知道 $L = RX$，其中 X 是服务器的输出率。但 X 也是队列的输出率，因为一个客户从队列进入服务器当且仅当另一个客户离开服务器。把队列本身考虑为'系统'并定义 L_Q 为队列中的平均数目，R_Q 为队列中花费的平均时间，那么有 $L_Q = R_Q X$。那么所需的关系就是，比值 L/R 与 L_Q/R_Q 相等。"

8. Bruce Weide 给出了这样的解答："解这一问题的一种方法是考虑两个排队系统。第一个是正在等待执行的作业队列，第二个是计算机系统本身。由 Little 定律，第二个系统作业输出率为 $X = L/R$。这里，$L = 10$ 个作业（因为总是会有一大批作业堵在前面，系统也总是会有 10 个作业在执行，因此 10 也是系统中作业的平均数目）。平均时间为 $R = 20$ 秒，因此 X 为 1/2 个作业每秒。这也是第二个系统的作业到达率——流平衡是满足的，因为 L 是常数，也就是说每个正在完成执行的作业马上会被下一个作业取代。现在第一个系统的输出率也必须为 1/2 个作业每秒。因此我们可以认为我们的作业之前的 99 个作业在 198 秒之后会完成。于是我们的作业在 20 秒之后完成，总等待时间为 218 秒。"

第 9 章答案

1. *AWK Programming Language* 的 6.3 节描述了一个生成 UNIX 排序命令的小语言。

2. UNIX 系统在 `ed` 编辑器和 `grep` 模式匹配器中使用正则表达式。

3. 4.1 节给出了一个用于描述目录参考的小语言。

4. *AWK Programming Language* 的 6.1 节用几十行 Awk 语句实现了一个汇编器和解释器。栈用于各种语言，从便携式计算器（如 HP 机器）的机器代码到用于排版的小语言（Postscript）到通用语言（Forth）直到硬件（Burroughs 机）。

6. Mark Kernighan 11 岁的时候开始用 BASIC 编写音乐程序，用到了下面这个结构：

```
1 ' Play a tune
100 POKE 36874, 262
110 FOR I=1 to 1000: NEXT I
120 POKE 36875, 183
130 FOR I=1 TO 2000: NEXT I
140 POKE 36875, 190
150 FOR I=1 TO 1000: NEXT I
160 POKE 36874, 240
170 FOR I=1 TO 1000: NEXT I
...
```

第 100 行通过在 36 874 位置"插"进一个值来产生一个音调，110 行等待演奏，而 120 行通过另外一个生成器在 36 875 位置插入一个值。Mark 的父亲 Brian Kernighan 的一次轻推鼓励他考虑自己编程方式的错误。于是他重写了程序以使用如下面注释所示的音乐微语言。

```
1 ' 1..99        => Delay
2 ' 100..999     => Tone 1
3 ' 1000..1999   => Tone 2
10 DATA 262, 1, 1183, 2, 1190, 1, 240, 1, ...
```

```
100 READ X
110 IF X >= 100 THEN GOTO 140
120     FOR I=1 TO X*I000: NEXT I
130     GOTO 100
140 IF X >= 1000 THEN GOTO 170
150     POKE 36874, X
160     GOTO 100
170 ' 1000 <= X <= 1999
180     POKE 36875, X-1000
190     GOTO 100
```

8. 处理语言错误可以接受的策略很多，可以是从单错误探测到多错误探测直到错误纠正。（当然，忽略错误是非常不道德的，因此不被考虑。）单错误探测报告输入中的第一个错误然后中止，这一策略很容易实现且对调试程序很有帮助。多错误探测更为有用因为它会标出多个错误；它难于实现因为语法分析器必须在解决一个错误之后才能继续寻找下一个错误。错误纠正所做的正是用户想要的，它难于实现并且在猜错的情况下会引起很大麻烦。

第 10 章答案

2. 图中显示的是选择算法的三个变种，其中数组以水平来表示，时间沿纵轴流逝。

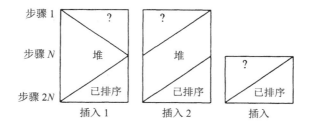

左图显示简单堆排序，通过在局部建立的堆里向上筛选每个元素来建立整个堆；中间图的堆排序具有相同的第二阶段，但是从右向左建堆，元素是向下筛选的（附录 B 使用了这一版本）；右图是一个插入排序，不建堆，避免了建堆的开销但却极大地增加了每次选择的开销。

3. 本题问的是程序应如何排版以达到正确性、一致性和清晰性这 3 个目标。

   ❑ 正确性。想要为文档中添加一段正确的程序，最好的方法就是从电脑上的正确程序入手。如果可以从相同的源文件中测试和排版程序，事情就容易多了。我都是尽可能地这样做。然而在某些章里，我用基于 Pascal 的伪代码描述算法却用 C 来实现并测试。因此我写的 C 程序的形式尽可能地接近最终的伪代码，然后使用文本编辑器进行剩余的修改工作（我知道——我应该写一个程序来做这个工作）。

❑ 一致性。程序员在诸如大写和缩进等小细节上应当保持一致性。与其保持你自己的风格，不如遵从这个领域已经存在的某个标准。比如，我写C程序时尽量使用Kernighan和Ritchie在The C Programming Language中的格式。

❑ 清晰性。许多系统，例如，Don Knuth的WEB系统，通过区分字体来生成清晰的程序：关键字用bold，变量用斜体，文本串用typewriter体，命令则用罗马字体，等等。本书中的程序是用Courier体排版的：这种固定大小的字体反映了程序员（包括我自己）在终端上看到的情况，而当缩减到相当小后这种字体仍然是可读的（例如，见附录B）。

第 11 章答案

1. 11.1 节最后一张图是将两张图并排放置以节省空间。因为两张图有共同的 x 刻度和不同的 y 刻度，所以把一张图放在另一张之上会更有用。

3. 左图将重量作为每英里加仑（1 英里 = 1.609 3 km，1 加仑 = 3.785 4 L）数的函数。它的确表明了一种相关性，但却没给出一般的定律。

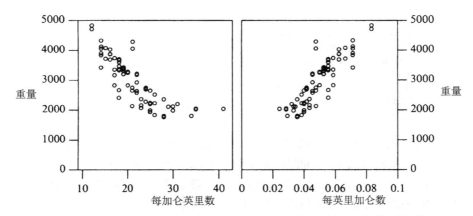

贝尔通信研究院的 Paul Tukey 建议与其把重量看成是每加仑英里数的函数，而不是每英里加仑数的函数。他的坐标图就是右图。图中显示两个变量几乎是线性相关的，这也解释了左图中的双曲线趋势。此外，回归线通过原点。4 000 磅和 21英里/加仑（约 0.048 加仑/英里）附近的两个例外点是 Oldsmobile 98 和卡迪拉克 Seville。这两款车的每加仑英里数评测与其他车相似，但重量更大，或者说，与具有同样重量的车相比，这两款车的每加仑英里数更多。

4. 答案 3 说明改变坐标轴表示使数据点近似成直线排列可以让关系变得更明显。

考虑关系 $y = a \times x^b$，等式两边取对数得到

$$\log y = \log a + b \log x$$

如果我们将函数曲线用新的坐标 $x' = \log x$ 和 $y' = \log y$ 表示，那么将得到线性关系

$$y' = \log a + bx'$$

将 y 转换成 $y' = \log y$，则由关系 $y = a \times b^x$ 可得到关系

$$y' = \log a + (\log b)x$$

对于关系 $y = a\sqrt{x} + b$，令 $x' = \sqrt{x}$ 则有 $y = ax' + b$。转换坐标轴以突出关系的更多细节参见 J. W. Tukey 的 *Exploratory Data Analysis*，该书由 Addison-Wesley 公司 1977 年出版，其中第 5 章和第 6 章特别与此相关。

5. 下面的 BASIC 程序给出了随机数生成器 *RND*(1)，该程序返回 0 到 1 之间平均分布的一个伪随机实数。程序将 [0,1] 单位区间分成用户要求的数目个箱子，然后在每个箱子里生成一个直方图（数组元素 $B(I)$ 计算第 I 个箱子中的随机数个数）。

```
10 INPUT "Bins"; N
20 DIM B(N-1) ' N bins, 0..N-1
30 FOR I=0 TO N-1: B(I)=0: NEXT I
40 CLS ' Clear screen
50 I=CINT(N*RND(1))
60   B(I)=B(I)+1
70   SET(B(I),I)
80   GOTO 50
```

SET 子程序开启由它的两个参数描述的那个像素，CINT 对实数取整（因此 CINT(7.9) 就是 7）。50 行到 80 行之间的无限循环通过键入 "BREAK" 或进入一个屏幕外像素而结束（尽管无限循环通常是不好的实践，但我觉得对这样的程序却很便捷）。我测试的 BASIC 系统展示了不错的行为：箱子大小彼此很接近，但又不是太接近。

第 12 章答案

1b. 用户提供响应数据很容易，这也使得从一个调查描述的硬拷贝表中查找特定的响应变得更容易。

3b. 尽管新图和 12.3 节的第一张图包含同样的信息,但我认为老版本的图在几个方面有优势。新版本有一些很容易就能解决的小问题。将数按各自的条左对齐可以减少视觉上的杂乱并且使图便于比较。舍入到整百分数也可以减少视觉杂乱而不会损失有用的信息。

小的改进并不能解决新图的主要问题:基本形式太笨拙。新图的条数是旧图的一半,它们的排列也使其很难进行比较。旧图用一条线定量地表示 50%;新图却需要三条线。第一张图将数据以同样的垂直顺序分类(Total,Male,Female)以便读者可以在不同图之间转换模式,而新图却需要一个新的模式。尽管提供新图的人为图的眼花缭乱而兴奋,用户却感到杂乱无章。公司还是选择了老的样式。

3c. 贝尔实验室和普林斯顿大学的 John Tukey 对 12.3 节的第二个条状图给出了善意的评价。他对图的制作有几条建议。因为"未知"条指向"糟糕"和"非常糟糕"条,它们之间的空白似乎会很大(12.3 节第一张图使用这样的空白来表示数量)。因为空白对本图没有意义,Tukey 建议"未知"条向右指以去掉暗示。"杰出的"和"非常糟糕"类代表的图中没有强调的强烈感觉;Tukey 建议在这些条上加阴影来增加视觉冲击。最后,他建议缩小数字的大小会减少图的杂乱感而并不减少图的可读性。

Tukey 还建议根本上改变图的形式来强调其信息的两个部分:不同官员的相对评价和男女性百分比的"性别差异"。他建议重新对条进行分类来按照顺序进行说明。将他的意见统一起来就得到下面的图,我认为这张图比我画的好多了。

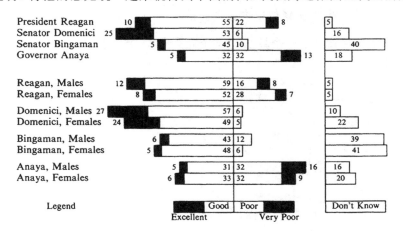

第 13 章答案

2. Bob Floyd 描述了几种可能用于实现算法 F2 中的集合 S 的数据结构："如果 N 不超过约 $100M$，那么位数组应该就可以了；如果 b 是每个字的位数，那么运行时间实际上是常数 $O(M)+O(N/b)$。"

   "对于更大的 N，用一个大小接近 M、由数据的高位作索引的数组，数组元素是指向包含数据（低位）的有序链表。平均执行时间为 $O(M)$，方差为 $O(M)$，最大为 $O(M^2)$。"

   "一种比较谨慎的实现用到了平衡有序树。平均和最坏时间是 $O(M \log M)$，方差较小。"

3. 一个对于算法 S 有效的数据结构对于算法 F2 可能会很慢。例如，当 $M = N$ 时，在算法 S 中，二分搜索树给出对数的期望搜索时间。但是，在算法 F2 中，元素是以递增的顺序插入的，所以二分搜索树退化成链表，搜索时间为线性的。

5. 任何从 $1..N$ 中生成 M 元随机排列的算法至少需要

$$\log_2(N \times N-1 \times \cdots \times N-M+1) = \sum_{I=N-M+1}^{N} \log_2 I$$

   个随机位。算法 P 需要

$$\sum_{I=N-M+1}^{N} \lceil \log_2 I \rceil$$

   个随机位，所以它是 M 位以内最理想的。

   Doug McIlroy 设计了一个算法把 N 个元素中 M 个元素的第 G 种组合存放在数组 A 中：

```
procedure Comb(N, M, G, A)
    D := 1
    while M > 0 do
        T := C(N - D, M - 1)
        if G - T < 0 then
            M := M - 1
            A[M] := D
        else
            G := G - T
        D:=D+1
```

   函数 C(N,M) 返回 $\binom{N}{M}$。数组 A 和整数 G 都是"从零开始"的；数组下标为 $0..M-1$，

第一个排列对应 $G=0$。因此，可以通过下面的调用生成一个 $1\sim N$ 的随机 M 元子序列：

```
Comb(N, M, RandInt(0, C(N,M)-1), A)
```

这种方法正好使用最优的随机位个数。

6. Floyd 写道："适合算法 P 中序列 S 的数据结构是一个散列表，它的各项用一个链表连接。如果散列表的大小约为 $2M$，那么期望的运行时间是 $O(M)$。对于这个表述的一种谨慎的方法是用一个穿线的平衡有序树，期望的和最坏情况的时间是 $O(M\log M)$。"

8. Burstall 和 Darlington 在 1976 年的 *Acta Informatica* 第 6 卷第 1 期第 41~60 页以及 1977 年 1 月的 *JACM* 第 24 卷第 1 期第 44~67 页描述了一个转换递归程序的系统。

9. 我 1986 年的《编程珠玑》一书中的第 11 章探讨了几种生成随机样本的算法。例如，其中描述了 Knuth 的 *The Art of Computer Programming, Volume 2: Seminumerical Algorithms* 的 3.4.2 节的一个程序：

```
Select := M; Remaining := N
for I := 1 to N do
    if RandReal(0, 1) < Select/Remaining then
        print I; Select := Select-1
    Remaining : = Remaining-1
```

那一章也描述了集合 S 的几种实现，这是算法 S 中的主要数据结构。

第 14 章答案

1. 利用库函数得到初始猜测值。牛顿方法的一个循环就能够得到很接近所需双精度要求的结果，两个循环肯定能够满足要求了。

5. 可以利用牛顿方法求 $f(x) = a-1/x$ 的零点来计算 $1/a$。迭代式是 $x_{i+1} = 2x_i + ax_i^2$。下面是求 0.9 的倒数的收敛过程，从 1 开始：

```
1.0000000000000000
1.1000000000000000
1.1110000000000000
1.1111111000000000
1.1111111111111110
1.1111111111111111
```

你能从序列中每一步正确数字的个数发现规律吗？

6. 这里是一个用于研究牛顿迭代的 Awk 脚手架程序。程序的输入行通常有 3 个字段：一个要求平方根的实数 x、一个牛顿迭代的初始值以及迭代的次数。

```
function abs(x) { if (x < 0) x = -x; return x }
{   x = $1
    y = x
    rootx = sqrt(x)
    if (NF > 1)
        y = $2
    ub = 10
    if (NF > 2)
        ub = $3
    for (i = 1; i <= ub; i++) {
        printf "%5d: %25.16f %25.16f\n",
               i, y, abs(y-rootx)/rootx
        newy = .5*(y + x/y)
        if (newy == y) {
            print " Converged"
            break
        }
        y = newy
    }
}
```

如果迭代次数没有给出，那么程序的默认值为 10。（当序列收敛的时候，程序也会停止。）如果没有给出初始值，那么程序用 x 自己来替代。

8. J. L. Blue 在 1978 年 3 月的 *ACM Transactions on Mathematical Software* 第 4 卷第 1 期第 15～23 页描述了 "一个用来求向量的欧几里得范数的短小的 Fortran 程序"，并且避免了上溢出和下溢出。

9. 见答案 11 和答案 12。

10. 我们可以通过替换 Max 为 2.0*Max 来去掉第一个赋值：

```
Max := 0.5 * (2.0*Max + Sum/(2.0*Max))
```

代数变形得到

```
Max := Max + Sum/(4.0*Max)
```

节省了一次乘法和几个百分点的运行时间。

11, 12. Andrew Appel 用保存最大的平方值并在循环外计算它的绝对值的方法，使得 K 个绝对值被替换成一个。（Bob Floyd 发现如果利用绝对值的和作为初始值，可能会更节省。）下面的代码结合了 Appel 的改进，并利用查表得到了较好的初始值。它比程序 4 快大约 10%。

```
MaxT := T := A[1] - B[1]
MaxT2 := Sum := T*T
for J := 2 to K
    T := A[J] - B[J]
    T2 := T*T
    if T2 > MaxT2 then
        MaxT := T
        MaxT2 := T2
    Sum := Sum + T2
if Sum = 0.0 then return 0.0
if MaxT < 0.0 then MaxT := -MaxT
T := MaxT * DistTab[trunc(Scale*Sum/MaxT2)]
T :=   0.5 * (T + Sum/T)
return 0.5 * (T + Sum/T)
```

它用到一个浮点数向量，由下面的代码初始化

```
float DistTab[Scale..K*Scale]
for I := Scale to K~Scale do
    DistTab[I] = sqrt((I+0.5)/Scale)
```

我用*Scale* = 20得到了单精度的准确度。我原来初始化表的代码使用了系统平方根函数，在*K* = 16的时候花费了0.3秒。通过使用上一次的平方根计算结果作为初始值并且作三次牛顿迭代，可以使它的速度提高一个数量级。

14. W. Kahan 的"算法实现"讲义（Berkeley Computer Science Technical Report #20），后来以 National Technical Information Service Report AD-769 124 出版。在第 19 章的 52 页上，Kahan 说明了问题中的程序在 IBM 650 上可能不终止，在其他机器上也可能出现问题。

15. 斯坦福大学的 Bob Floyd 写道："如果第 i 个近似值用 f 来除，第 $i+1$ 个用 $\phi(f) = (f + (1/f))/2$ 来除，其中 $\phi(f) = \phi(1/f)$，在 f 和 $1/f$ 之间时使用较小的值，在其之外时使用较大的值。显然，这对于使得 $\log f$ 的最大绝对值最小化来说是正确的。"

第 15 章答案

1. Floyd 和 Rivest 在《ACM 通讯》1975 年 3 月的文章上说明了如何取样使选择算法在理论和实际中都有很高的效率。

2. 这个循环展开代码只用 3 次比较对数组 X[1..3]排序。assert 语句表明了每条语句执行后所得到的顺序。

```
if X[1] > X[2] then
    swap(X[1], X[2])
assert X[1] < X[2]
if X[2] > X[3] then
    swap(X[2], X[3])
assert X[1] < X[3] and X[2] < X[3]
if X[1] > X[2] then
    swap(X[1], X[2])
assert X[1] < X[2] < X[3]
```

这通常是计算三个元素的中位数的最快的方法了。为了找到包含一百万个数的磁带上的第 1 000 小的数，可以在读取磁带的同时，把当前最小的 1 000 个元素保存在一个最大值堆中。

3. 寻找磁带上 N 个数的中位数的随机二分搜索方法只需要几个变量，遍历磁带 $O(\log N)$ 次。变量 L 和 U 表示已知的包含中位数的区间的上下界，它们初始化为集合中的最小和最大元素。算法的每一步遍历磁带两次。第一次把磁带上区间 $[L, U]$ 之间的一个随机整数保存在变量 M 中（第一个整数总是保存在 M 中，第二个被保存的概率是 1/2，第三个是 1/3，依次类推）。第二次遍历中，计算有多少个元素小于 M 以及多少个元素大于 M，然后将 M 保存在 L 或 U 中。过程继续直到 M 是中位数。这通常需要遍历磁带 $O(\log N)$ 次，平均总运行时间为 $O(N \log N)$。

如果有第二个磁带驱动器，可以通过用一条磁带保存当前在区间内的元素，把期望运行时间减少到 $O(N)$。每一次遍历磁带有三步。第一步与上面的描述相同，第二步把有用的元素复制到第二条磁带上，第三步再把它们复制回第一条磁带。

4. Blum、Floyd、Pratt、Rivest 和 Tarjan 在 20 世纪 70 年代初发现了一个最坏情况线性时间的选择算法。大多数算法教材对他们的算法进行了详细的描述。

6. 变量 C_N 表示 $CCount(N)$ 的平均值，$CCount(N)$ 为选择算法在一个 N 元数组中找到最小元素所用的比较次数。这个程序利用问题中给出的递归关系计算 $C_0, C_1, \cdots, C_M$。

```
c[0] := c[1] := 0
print C[0], C[1]
for N := 2 to M do
    Sum := 0
```

```
for I := 0 to N-1 do
    Sum := Sum + C[I]
C[N] := N-1 + Sum/N
print C[N]
```

如果保存前一次的*Sum*值，可以把运行时间从 $O(M^2)$ 减少到 $O(M)$。

```
c[0] := c[1] := 0
print C[0], C[1]
Sum := C[0] + C[1]
for N := 2 to M do
    Sum := Sum + C[N-1]
    C[N] := N-1 + Sum/N
    print C[N]
```

下面的代码不需要表*C*[0..*M*]，而是把*C*[*N*]存放在变量*LastC*中。

```
Sum := 0
LastC := 0
print 0, 0
for N := 2 to M do
    Sum := Sum + LastC
    LastC := N-1 + Sum/N
    print LastC
```

可以用这个程序来实验性地检查算法的行为。另外，程序的结构暗示了 C_N 的求和公式（把复杂的递归转化成一个和，通常称为"压缩"），答案是 $C_N = 2(N - H_N)$，这里 H_N 表示第*N*个调和数：

$$1 + 1/2 + 1/3 + \cdots + 1/N$$

7. 1971 年 5 月的《ACM 通讯》中，算法 410 可以"部分排序"一个数组，它归功于 John Chambers。

9. 一个集合中第一和第二大的元素可以在 $N + \log_2 N + O(1)$ 次比较之内找到。Knuth 在《计算机程序设计艺术，卷 3：排序与查找》[①]的 5.3.3 节提出了这个算法以及其他迷人的算法，它们可以用最优的比较次数计算次序统计问题。

---

① 该书第2版英文影印版已由人民邮电出版社出版，中译版也由人民邮电出版社出版。——编者注

索引